U0160492

Mathematical Culture in the
Discipline System

学科体系中的
数学文化

陈克胜◎编著

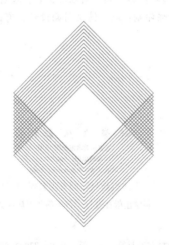

科学出版社

北 京

内 容 简 介

本书是在2006年出版的《数学文化概论》的基础上形成的,吸收了关于数学文化的最新研究成果,扩充了各学科与数学关系的内涵。进一步地说,本书在多年的教学实践基础上,对原有的《数学文化概论》进行了适当的扩充,以各学科与数学之间的关系为主线,强调数学在学科体系中的基础地位,阐述了数学在哲学、自然科学、文学、经济学、教育学、音乐、绘画、法律等学科中的应用、辩证关系和发展趋势,丰富了数学文化学研究。本书旨在满足大众关于数学在各学科中运用的好奇心和兴趣,丰富高校数学文化课程建设的内容,提升大众的数学素养。

本书适合对数学感兴趣的读者,也适合相关专业的研究生、科技工作者和教育工作者等。

图书在版编目(CIP)数据

学科体系中的数学文化/陈克胜编著. —北京:科学出版社,2022.9
ISBN 978-7-03-072440-3

Ⅰ.①学… Ⅱ.①陈… Ⅲ.①数学-文化研究 Ⅳ.①O1-05

中国版本图书馆 CIP 数据核字(2022)第 094837 号

责任编辑:邹 聪 刘红晋 / 责任校对:韩 杨
责任印制:赵 博 / 封面设计:有道文化

科 学 出 版 社 出版
北京东黄城根北街 16 号
邮政编码:100717
http://www.sciencep.com

天津市新科印刷有限公司印刷
科学出版社发行 各地新华书店经销

＊

2022 年 9 月第 一 版 开本:720×1000 1/16
2024 年 9 月第四次印刷 印张:15
字数:236 000

定价:88.00 元

(如有印装质量问题,我社负责调换)

序

Preface

基于文化的视角，对数学进行分析和探讨是当前国内外关于数学文化研究的一种主要方法和途径，表现为包括数学史在内的数学人文和数学思想等内容和形式，并已取得了较为丰富的研究成果。

数学文化被看作是一种独立的学科形态，最先是由西方数学家提出的，随后，数学文化在西方得到了迅速的发展。到 20 世纪下半叶，数学文化已在国外受到了普遍的重视和广泛的关注，其主要内容是数学文化的意义、内涵和特征，数学与文化的相互关系，数学发展的动力和规律，等等。代表性的著作主要有：克莱因（Kline）的《西方文化中的数学》，尝试将"数学文化"作为一门学科来进行构建，系统地阐述了数学在人类文化中的作用。怀尔德（Wilder）在《作为文化体系的数学》中主张，数学文化是一个相对独立的文化系统，这标志着数学文化的研究达到了一个新的阶段。后来，怀尔德继续对数学文化进行了深入的研究，其成果集中地反映在其著作《数学的文化基础》中，他认为数学家心目中的文化内含着一个共享的带有数学特征的部分，并总结了数学文化的基本特征。毕肖普（Bishop）在《数学文化的适应》中主张：数学文化主要是研究不同文化差异下的数学知识体系的思维结构和认知方式，他认为数学是一种文化现象，数学文化是数学的亚文化或文化的数学成分。塞林（Selin）的《跨文化下的数学》进一步地认为，每个民族都有自己的数学，西方数学不是唯一的，每个民族的数学都带有其自身文化的特征。埃默（Emmer）在《数学与文化（二）》中则更多地讨论数学发展动力问题，认为：数学发展是由数学家在当时文化背景下的创造而推动的。总之，国外关于数学文化的研究仍然方兴未艾，其研究趋势主要是：由关注民族化、地方性的数学开始走上统一，并进一步进行理性分析与研究，重视数学家当时所处的文化以及当时国家科技政策等对数学发展的作用，等等。

中国国内关于数学文化的研究受国外影响，并且发展迅速，得到了学界的高度关注，形成了一股数学文化研究的热潮。其主要内容是围绕数学文化的若干主题而从不同的视角来进行探讨和研究，代表性的著作主要有：张顺燕的《数学的源与流》，主要是基于著名的数学问题、具有重要实用价值的应用问题的视角；齐民友的《数学与文化》，主要是基于数学作为人类文化的组成部分的视角；顾沛的《数学文化》，主要是基于数学问题、数学典故和数学观点的视角；王宪昌和刘鹏飞等的《数学文化概论》和《数学与文化》，主要是基于不同民族文化的视角；汪晓勤的《数学文化透视》，主要是基于数学与其他知识领域之间关联的视角；胡炳生和陈克胜的《数学文化概论》，主要是基于数学与哲学、自然科学、文学等学科关系的视角。当前，中国国内关于数学文化的研究依然有很大的空间，如《数学文化》的创刊就是其重要的标志之一。这一方面是由数学文化的价值取向所决定的。目前，教育界、科技界等都认为数学文化对于提升国民的文化素养具有重要的意义，中国很多高校也正计划或已开设大学生文化素质课程，数学文化是其中的重要内容之一。另一方面，数学文化的内涵还没有形成被大家公认的、统一的界定，表现出其还有很大的学术研究空间。

总的来说，无论国内还是国外，数学文化已被看作是一门独立的学科，但还有很多重要的课题需要进一步研究和探讨。数学文化研究的发展总趋势大体是：拓宽更宏大的视角、充实更丰富的内容、挖掘更深刻的思想来构建系统的数学文化知识和理论体系。

为了丰富和发展数学文化学以及满足高校数学文化课程建设的需要，《学科体系中的数学文化》从学科体系的视角来展开研究，探讨各学科与数学的关系，理性地分析各学科与数学的关系。由此，该书分别探讨哲学与数学、自然科学与数学、文学与数学、经济学与数学等。其基本思路是从广度和深度两个方向来研究数学文化，用丰富的实例和通俗的语言来说明和论证学科体系中的数学，探讨数学运用于不同学科的影响因素、辩证关系和发展趋势。以文学与数学的关系为例来说明，虽然文学主要是以形象思维来表达的一门艺术，而数学则主要依靠抽象思维，但是文学与数学存在着很多的关联：第一，文学与数学都源于现实世界，从而形成一些交集，这样文学作品的内容包含一些数学问题；第二，文学作品的研究借助数学来分析；第三，文学运用数学及其思想来创作；第四，文学表达的意境与某些数学思想存在共通性；等等。由此，随之提出数学应用于文学的可行性问题，这为文学提供了一种新的研究方法和手段，而且扩大了数学的应用范围，试图解决抽象的数学形象化、通俗化的问题，使更多的人理解数学，从而有助于人们建立科学的数学观。因此，文学与数学的研究内容主要包括文学的基本问题、文学中的数学问题、数学成为文学作品研究的一种工具、数学与文学创作等，从而展现数学文化的魅力。

　　总之，《学科体系中的数学文化》尝试基于学科体系的整体视角考察数学同各学科的结合，从而进一步来探讨数学文化，这种做法利于打通各学科与数学的关系，并为提升科学素养提供非常好的素材和资料。

屈长征

2021 年 6 月 12 日

前　言

Foreword

早期，数学只是作为哲学的一个分支，从属于哲学。到了近代，数学虽然逐渐发展成为一门独立的学科，但从属于自然科学，其主要原因是数学的发展动力基本上来自自然科学，并且数学主要是服务于自然科学。到了 19 世纪，数学的发展动力更多地来自其自身内部，随之，人们把数学从自然科学中分离出来，使之成为同哲学、自然科学、社会科学并列的一门基础学科，从而也进一步地提升了数学作为基础学科的地位。这些变化表明，数学不仅继续为自然科学的发展提供了重要的研究方法和手段，而且也为包括哲学、社会科学在内的各门学科的发展起到了基础性的作用。马克思曾这样评价：一门学科只有在成功地运用数学时，该学科才能真正成为一种科学。

近些年来，数学文化研究在国内外形成了一股热潮，已出版和发表了一些有关"数学文化"的论著，其成果也广泛地应用到高等教育中。目前，国内一些高校纷纷开设数学文化课程，以提升大学生的数学素养，并得到大学生的普遍欢迎和社会的广泛关注。例如，顾沛教授在南开大学开设的"数学文化"课程，用通俗的表达形式揭开数学的神秘面纱，旨在提高大学生的数学文化素养，其反响很大。数学文化学正逐渐形成，并日益发展成为一门独立的学科，但仍在不断探索和完善之中。例如，郑毓信等的《数学文化学》，将数学文化学作为一门独立的学科，探讨了数学文化学的内容、性质和意义。另外，《数学文化》杂志创办，主要面向大学生、研究生和大学教师，以及中学老师和学生，旨在弘扬数学文化，推动数学教育，在国内也产生了相当的影响。

为了满足高校数学文化课程建设的需要，并结合高校各专业的要求，本书侧重于阐述各学科与数学的关系，基于学科体系的视角来分别探讨哲学与数学、自然科学与数学、文学与数学、经济学与数学等之间的辩证关系与发展趋势。具体如下：

第一，数学在学科体系中的地位。

现代科学技术已经形成了门类结构、层次结构和学科结构三个方面的学科体系，数学已是独立并渗透于学科体系的基础学科，并且处于一个不断探索的发展过程中。因此，探讨数学在各学科中的地位和意义是非常有必要的，其内容主要包括现代科学技术体系的构成、学科体系中的数学应用和数学在各学科中的作用。这里以绘画与数学为例来说明，绘画是学科体系中的一门学科，而数学则在绘画中处于基础性地位。因此，数学在绘画中的基础性地位也就决定了绘画中的数学文化的研究内容，主要包括绘画的若干基本问题、绘画与数学的融合、绘画中的数学、几何图形与商标等，其中绘画中的数学主要探讨黄金分割、黄金矩形、射影几何学等在绘画中的广泛应用，特别是荷兰绘画家埃舍尔（Escher）的绘画所展现的现代数学思想。通过这些内容的研究，力图展示绘画与数学之间所具有的丰富内涵关系，尽可能地反映数学在绘画中的基础性地位。

第二，各学科与数学的关系。

为了适应数学文化学的发展以及根据高校各学科专业设置的特点，本书侧重阐述数学在哲学、自然科学、文学、经济学、教育学、音乐、绘画、法律等学科中的应用、辩证关系和发展趋势，从而丰富数学文化学的研究内容，同时也满足高校各专业学生对数学文化的关注和需求。这里以哲学与数学为例来说明，其主要内容包括哲学的若干基本问题、中国古代哲学与中国古代传统数学的关系、西方哲学与西方数学的关系、方法论与数学、辩证法与数学、理性地认识数学运用于哲学。哲学的若干基本问题主要涉及哲学所关注的基本问题与数学之间存在的相关性；中国古代哲学与中国古代传统数学的关系主要探讨以算法倾向为特征的东方数学的形成及其同中国古代哲学的辩证关系；西方哲学与西方数学的关系主要探讨西方数学的演绎倾向和算法倾向交替出现的特征同西方哲学发展息息相关；方法论、辩证法与数学主要探讨的是方法论中的数学、辩证法中的数学、数学语言与哲学命题，内容涉及哲学方法论观点对数学的影响、从哲学的角度认识数学方法与建模；理性地认识数学运用于哲学主要是阐述数学运用于哲学的优点，内容涉及以量化的形式表达、理解和分析哲学，数学运用于哲学对哲学的发展所产生的影响。

　　本书的写作是在 2006 年出版的《数学文化概论》的基础上形成的，吸收了关于数学文化的最新研究成果，扩充了各学科与数学之间关系的内涵。当时，《数学文化概论》是作为大学本科生通识性的读物，经过多年的教学实践，需要补充一些新的内容，笔者就此同安徽师范大学胡炳生教授进行了沟通、讨论和交流。这些想法得到了西北大学教务处的支持，初步形成了书稿，并在西北大学本科生中进行了两年多的教学实践，得到好评。2020 年，以此为相关课题分别申请了国家自然科学基金项目（数学天元基金，项目批准号：12026508，项目名称：学科体系中的数学文化）和陕西省提升公众科学素质计划项目（项目批准号：2021PSL86，项目名称：数学文化：提升青少年数学素养的一种有效途径），并都获得了资助。同时，此书也受到西北大学科学史高等研究院的高度重视，并得到西北大学"双一流"建设项目资助。在此，表示感谢！

　　此外，对于本书的责任编辑邹聪、刘红晋所付出的辛勤劳动，谨表示诚挚的谢意。

陈克胜

写于西北大学

2021 年 1 月 25 日星期一

目　　录

Contents

第一章 学科体系与数学概论

数学自诞生之日起，就与人类文明相伴而行。数学是人类文明的重要组成部分，是人类文明进步的重要标志。数学不仅具有自身发展较为完备的学科体系，而且也确立了其在整个科学技术体系中的基础性地位，并且正日益突破传统的应用范围，向几乎所有的人类知识领域渗透，越来越直接地为人类物质生产与日常生活服务。因此，了解和理解数学以及数学文化成为大学生乃至公民所必备的基本素养。

第一节 关于学科体系的若干问题

数学是学科体系中的一门重要的基础学科，对于各门学科的创立或发展起到了重要的基础性作用。但是在不同的历史时期，数学在整个学科体系中所处的地位和所起到的作用是不同的，从而造成人们对数学的认识和理解也有所不同。

一、什么是学科

"学科"（discipline）一词来源于拉丁语 discere，其原义包括知识的形式与知识对人的规范与训练。目前，从词义的角度来看，"学科"一词的含义有两层：第一层，从一般意义上理解的学科，即作为知识分支，主要强调学术的内在逻辑；第二层，专指具有教育、教学职能的"制度化学科"，例如，大学的各学科专业，与英文 subject 一词的含义较接近。

一般地，所谓学科，是指一定历史时期内知识发展到一定程度所形成的规范化、专门化的知识体系。

实际上，"学科"有一个历史发展过程，它在不同历史时期有不同的内涵和定位。早期，各门学科都是在哲学之下的一个分支。但是，随着数学方法和实验方法的广泛采用，近代科学开始兴起，按照研究对象的不同，自然科学开始从包罗万象的哲学中分离出来，于是人们的知识结构和思维结构也随之发生根本变化，这为近代的学科分类体系奠定了哲学和科学的基础。到了19世纪中叶，自然科学的分化已经形成了许多各不相同的研究领域，从而学科诞生了，这是学科发展的第一阶段。19世纪末，物理学革命爆发以后，学科发展的步伐大大加快，学科越来越多，专业化程度也越来越高。此时，统一的自然科学分化为基础理论科学、技术基础科学和工程应用科学3个层次，每一层次又分成各种不同的门类。各门学科之间出现了交叉学科、边缘学科等，这是学科发展的第二阶段。进入20世纪以后，人类的知识呈现指数级的增长，到20世纪中叶，知识的发展出现了高度分化和高度综合的有机统一，表现为：一方面，知识的分门别类的研究比近代科学更精细、更深入；另一方面，横断学科、综合学科、交叉学科的出现使知识综合化、整体化的趋势更加突出，这是学科发展的第三阶段。[①]

二、什么是学科体系

20世纪以后的科学技术发展突飞猛进，很多分支学科如雨后春笋般地大量涌现，这些学科是现代科学技术的组成部分，从而形成了学科体系，那么这些学科在学科体系中有怎样的关系呢？这引起科学家和社会学家的关注。总体来看，学科体系研究主要有以下几个角度：

从哲学和学术思想史的角度，对学科分类、学科的分化融合以及跨文化进行研究。该研究集中在20世纪中期至20世纪末，主要是从理论上对人文社会科学的学科分化，以及学科专业化、学科多元化进行讨论和阐述。

从教育学的角度，对跨学科、交叉学科等领域的教学与课程进行研究。该研究主要是从教育实践的层面，对第一种的理论研究的成果进行实践和探索验证。

中国著名的科学家钱学森也曾关注学科体系的研究，其研究成果产生了一定的影响。钱学森从1979年开始探索现代科学技术体系的课题，并提出了现代科学技术体系结构的观点，这对理解数学在学科体系中的地位和作用有

---

① 袁曦临. 学科的迷思. 南京：东南大学出版社，2017.

重要的指导意义。

钱学森从现代科学技术的门类结构、层次结构和学科结构三个方面来构建现代科学技术体系。

从现代科学技术的门类结构来看，钱学森将现代科学技术分成"九大部门"，即自然科学、社会科学、数学科学、思维科学、系统科学、人体科学、军事科学、行为科学和文艺理论。他认为，自然科学用的角度是物质运动，社会科学用的角度是人类社会的发展运动，数学科学用的角度是质与量的对立统一，系统科学用的角度是系统或整体与局部的统一，思维科学用的角度是人认识客观世界的过程，人体科学用的角度是人体在整个宇宙环境中的发展和运用，军事科学用的角度是集团之间的矛盾与斗争，行为科学用的角度是在与社会的相互作用下个人行为的规律，文艺理论用的角度是美感。

从现代科学技术的层次结构来看，钱学森认为，世界上的所有理论都是一层一层的概括。其中，自然科学是迄今发展得最为成熟的一个门类。他运用典型的研究方法，剖析了自然科学的层次结构，由此，钱学森把现代自然科学知识分属为"三个层次"，即工程技术、技术科学、基础科学。其中，工程技术是最接近社会实践的层次，如土木工程、水利工程、电气工程等，技术科学是对工程技术进行理论概括而产生的，如建筑学、水力学、电工学等。基础科学是对技术科学的进一步概括，上升为更高层次的科学理论，如物理学、化学、生物学等。

从现代科学技术的学科结构来看，钱学森认为，由自然科学归纳出来的体系结构具有普遍意义，由此，他进一步概括出其他体系共有的结构模式，即"三个层次一座桥梁"的结构模式（如图1-1）。

"三个层次"是指工程技术层次、技术科学层次、基础科学层次。工程技术层次是直接改造客观世界的知识，技术科学层次是工程技术共用的各种理论，基础科学层次是认识客观世界的基本理论。钱学

图1-1　科学技术体系的一般结构

森认为，辩证唯物主义是马克思主义哲学的核心，处于科学技术体系的最高层次，这是人类在认识和改造客观世界中总结出来的最高、最有普遍性的原理，是一切科学部门的最高概括和归宿点。

"一座桥梁"是指中介桥梁，是对应于该学科部门的哲学分论。自然科学通向辩证唯物主义的桥梁是自然辩证法，社会科学通向辩证唯物主义的桥梁是历史唯物主义，数学科学的桥梁是数学哲学或者元数学，系统科学的桥梁是系统论，思维科学的桥梁是认识论，人体科学的桥梁是人天观，地理科学的桥梁是地理哲学，军事科学的桥梁是军事哲学，行为科学的桥梁是社会学，文艺理论的桥梁是美学。

由此，钱学森把现代科学技术归纳为"九大部门""一个核心"（指的是哲学）、"一座桥梁"和"三个层次"，形成了一个严密的科学技术体系。①

第二节　数学是什么

现在，世界各国教育都非常重视数学，从小学开始，就将数学作为必修的课程，并且数学在全部课程中的所占比重都比较高，这甚至成为人类进行知识学习的传统。但是当被问及"数学是什么"或"什么是数学"时，人们难以给予明确地回答，并且不同的人有不同的理解和认识。这不仅是一个数学问题，而且也是一个哲学问题。

一、"数学"译名的确定

中国作为文明古国，数学在中国的起源比较早，其历史发展悠久，某些数学成果曾走在世界的前列，并且有专门的名称和术语，如算术等。但是到了明清时期，中国古代数学逐渐走向衰落，与此同时，中国也开始引进西方数学，经过艰难曲折的发展过程，才逐渐确立了西方数学在中国的重要地位，一直持续到现在。此时的西方数学已超越了中国古代关于数学的理解，随之而来的是中国对于英文"mathematics"的翻译问题。为此，"数学"名词的翻

---

① 王英. 钱学森科学分类与科技体系思想述评. 淮阴师范学院学报（哲学社会科学版），2000，22（2）：6-11.

译在中国数学界引发了一些争论，从中也可以体会到中国人对于"数学是什么"的理解和认识。

实际上，我们现在所使用的"数学"一词是来自英文"mathematics"。虽然中国古代有数学专门名称，但英文"mathematics"与中国无关，该词是取自古希腊语，出自古希腊毕达哥拉斯学派。公元前 6 世纪，毕达哥拉斯在意大利西南端的克罗顿（Croton）建立了一个集宗教、哲学等于一体的团体，历史上称该团体为毕达哥拉斯学派，亦称"南意大利学派"。该学派将其成员分为两类：一类是普通的听讲者，另一类是真正学派的成员，意思是指那些获得较高深知识的人，这些人在当时所学习的高深知识主要有算术、几何、天文学和音乐。由此，当时"数学"被认为是具有较高深知识的人所学习和研究的算术、几何等，含有学习、学问、科学的意思。

中国自明代以来开始引进西方数学，也就是说，中国很早就已接触到西方数学及其相关的名词。但是到了近代，中国才将英文"mathematics"翻译为中文"数学"一词，并与"算学"一词混用。直到 20 世纪上半叶，才确定了"数学"一词在中国的使用。20 世纪初，随着中国留学生学成归国，中国的一些大学按照西方高等教育模式建立数学系。但这时，英文"mathematics"一词在中国的一些大学数学系、中小学都有不同翻译，引发了一些混乱，这便成为人们关注的事。当时，对"mathematics"有两种翻译，并分别在社会有较广泛运用：一种翻译为算学，另一种翻译为数学。但这两种翻译相持不下，最后是由当时的教育部发起并通过投票的方式，才最终确定为"数学"。

由此，"数学"的译名可以部分地反映中国人对近现代数学的认识和理解。中国古代数学曾经有过辉煌的成就，主要特点是算法倾向，这与西方数学特别是近现代数学有很大的不同。因此，中国近现代数学家在引进西方数学过程中，其所理解的"数学"不同于中国古代，从而出现了"数学"不同翻译的争议现象。

二、历史上关于数学的认识

与其他学科不同，数学是一门累积性非常强的学科。德国数学家汉克尔（Hankel）曾这样评价数学学科的特点：大部分的学科是前一代人的成果被后一代人所否定。但是，唯独数学是每一代人的创造都建立在前人的基础之上。

例如，数学的发展曾经历由算术推广到代数的阶段，但是这种推广并没有将之前有关数的运算规则推翻，反而是将其纳入代数的学科体系中，也就是说数学具有兼容性。而物理学、化学等学科则不同，其中有些理论或学说往往是在推翻或修正前人结论的基础上而有所发展。例如，物理学早期曾提出以太说，后来人们在寻找以太粒子失败后将其抛弃，并提出新的理论，从而推动了物理学的发展。

数学的发展正是建立在以前数学的基础上，使得人们对数学的理解不断深入。那么关于"什么是数学"或"数学是什么"，在数学发展的不同阶段有着不同的认识。因此，可以说，"数学"是一个不断发展的概念，因而也就很难给出一个确定的、永恒不变的定义。

1. 早期关于数学的认识

公元前 6 世纪以前，古埃及、古巴比伦、古印度和古代中国等河谷文明的地区和国家已经建立了今称的经验数学，也自然地形成了关于"数学"的认识，他们基本上都认为：数学主要是关于"数"的研究。例如，中国古代对"数"的认识。中国古代先哲老子曾说："天下万物生于有，有生于无。""道生一，一生二，二生三，三生万物。"意思是：天下的事物来源于"有"，"有"则来源于"无"，这也是成语"无中生有"的由来。根据这个道理，最早的那个"有"必定是从"无"中而来的，而这个原初的"无"，也就是"道"，所以说，"道生一"；而一旦有了第一个"有"，那么这第一个"有"就会产生第二个"有"，即"一生二"；接着，有了第一个"有"和第二个"有"，第三个"有"也就会产生出来，即"二生三"；以此类推，继之以无穷，则万物化生，即"三生万物"。老子这段话讲的是"道"的本原性和万物由来的原理，用数的形式表达对世界的认识和看法。

古希腊文明主要是在继承古埃及、古巴比伦等河谷文明的基础上所创造的灿烂文明，被认为是西方近现代文明的起点。其中，在数学方面，古希腊先哲们主要是基于哲学的角度，提出了公理化体系和形式逻辑，创造了论证数学。与经验数学不同，古希腊论证数学已发展成为一门具有严密系统、富有逻辑性的学科。基于此，古希腊人形成了关于"数学是什么"的更深刻的认识，但是在古希腊的不同时期也有所不同，这些都对数学的发展产生了重要的影响。古希腊关于"数学是什么"主要经历了三个阶段，分别提出不同的观点：第一阶段是以毕达哥拉斯学派为代表提出了"万物皆数"的观点，第二阶段是以柏拉图为代表提出了"理念论"的观点，第三阶段是以亚里士多德为代表提出了"非理念论"的观点。①

（1）毕达哥拉斯学派的"万物皆数"观

古希腊两位先哲泰勒斯和毕达哥拉斯被誉为论证数学的鼻祖。据公元5世纪的新柏拉图学派哲学家普罗克鲁斯（Proclus）记载，泰勒斯已经提出了数学命题证明的思想。更重要的是毕达哥拉斯继承和发展了泰勒斯的思想，创立了毕达哥拉斯学派。该学派提出的哲学主张回答了"数学是什么"的问题。其哲学主张是"万物皆数"，这里的数是指正整数，有理数被认为是正整数的比。其主要意思是：整个宇宙都是由数构成的，也就是说"万物皆数"的哲学观点决定了他们用数来思考宇宙，用数来探索自然的奥秘。在这种哲学思想的指导下，毕达哥拉斯学派形成了关于"数学"的认识，认为：万物的始基是"一元"，从"一元"中产生出"二元"，再由"二元"产生出"三元"，等等，从完满的"一元"与不定的"二元"中产生出各种数目，从数中产生出点，从点产生出线，从线产生出平面，从平面产生出立体，从立体中产生出由感觉所及的一切物体，产生出四种元素：水、火、土、气。这四种元素以各种不同的方式互相转化，于是创造出有生命的精神的世界。②

例1-1　在三维空间中，正多面体有多少种？与之相关的哲学思想是什么？

现在已经证明：正多面体在三维空间中最多有五种，即正四面体、正六面体、正八面体、正十二面体和正二十面体。实际上，这个结果早就被毕达哥拉斯学派所认知，问题是：毕达哥拉斯学派为什么研究这些正多面体呢？答案是"万物皆数"观。

毕达哥拉斯学派称正多面体为"宇宙形"，这些正多面体是由正三角形、正四边形和正五边形所构造的立体模型。有意思的是毕达哥拉斯学派将正多面体与原始"元素"建立联系，由此验证其哲学观点。首先，表面积相同时，正四面体包含着最小的体积，正二十面体则包含着最大的体积。其

---

① 杨淑辉．"数学本质"的哲学演变．沈阳师范大学学报（社会科学版），2011，35（4）：23-25.

② 伊夫斯．数学史概论．修订本．欧阳绛，译．太原：山西经济出版社，1986：68-69.

次，正多面体根据体积与表面关系，分为干性和湿性，正四面体代表火（如图 1-2），是原始元素中最干的，正二十面体代表水（如图 1-3），是原始元素中最湿的。正六面体与地相联系，这是因为：将正六面体的一个面安放在地面上，具有"最大的稳定性"（如图 1-4，实际上，正四面体的稳定性最优）。用食指和拇指轻轻地按在正八面体的两个相对的顶点上，易于旋转并且在空气中具有非平稳性（如图 1-5）。最后，将正十二面体与宇宙相联系（如图 1-6）。

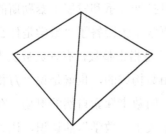

图 1-2　正四面体：火

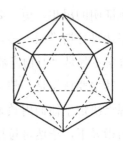

图 1-3　正二十面体：水

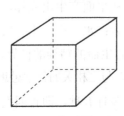

图 1-4　正六面体：土

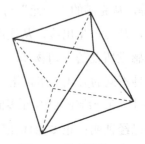

图 1-5　正八面体：气

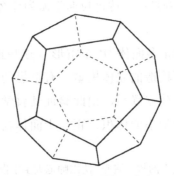

图 1-6　正十二面体：宇宙

毕达哥拉斯学派主张"万物皆数"的意义在于：开创用数学秩序来理解宇宙，从数学规律的角度来认识和理解宇宙。将数学作为其研究的中心和主要内容，这无疑大大推动了数学的发展，丰富了数学知识体系。

（2）柏拉图的"理念论"

早期，柏拉图受毕达哥拉斯学派影响较大，约公元前 387 年在希腊雅典创办学园，史称雅典学园或柏拉图学园，这是一所集传授知识、研究学术、培养学者等为一体的综合性学校。柏拉图学园虽然以哲学研究为主，但也非常重视数学，认为数学是一切学问的基础。由于当时受毕达哥拉斯学派的影响，古希腊人不承认"不可公度量"（实际上是无理数），但是毕达哥拉斯学派却自己发现了"不可公度量"，使得毕达哥拉斯学派非常恐慌，史称"第一次数学危机"。为了解决"第一次数学危机"，柏拉图的基本思路是避开"不可公度量"，提出了"理念论"，由此形成了关于数学的看法和认识。柏拉图认为，物质世界其实是一个不完美的世界，但它的背后却有一个完美的"理念的世界"，这里的"理念的世界"是指一类事物的共性。这个"理念的世界"就与可以感知的具体事物分离开来，成为独立的存在，称为"理念"。由此，柏拉图将"数学"理解为独立存在的"理念的世界"，即所谓的"理念论"，其基本思想是：数学的对象就是数、量等的数学概念，而数学概念作为抽象一般或"共相"是客观存在着的。数学研究的对象应该是理念世界中永恒不变的关系，而不是感觉的物质世界的变化无常。柏拉图不仅把数学概念和现实中相应的实体区分开来，而且也把用以代表它们的几何图形严格地加以区分。

例 1-2　柏拉图关于圆的认识。

柏拉图提出了圆的四种认识。

第一种，被世人称为圆的某种东西，具体到某个实物（如图 1-7）。

第二种，圆的定义：在任何方向上的边界点到中心的距离都是相等的（如图 1-8）。

第三种，画出的一个圆，即旋转圆规所得的圆（如图 1-9）。

第四种，实质性的圆，即圆的理念。

柏拉图主张"理念论"的数学意义在于：提出了数学概念，并将其作为研究对象，将数学建立在"理念论"的基础上，用数学抽象来探寻、研究对象所存在的规律。

图1-7 某种东西的圆

图1-8 定义的圆

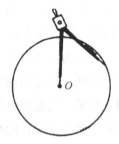
图1-9 画出的圆

（3）亚里士多德的"非理念论"

亚里士多德是柏拉图学园的重要成员，他继承和发展了柏拉图的学术思想，并提出了自己关于"数学"的一些新认识。与柏拉图的思想有所不同，亚里士多德认为，世界是由各种本身的"形式"与"质料"和谐一致的事物所组成的，其中，"质料"是组成事物的材料，"形式"则是每一件事物的个别特征。"理念"不应被看成在个别事物之外的与个别事物相分离的、独立存在的实体，而应在个别事物的内部去发现本质。也就是说数学对象不应被看成独立于感性事物的真实存在，而是独立于人类抽象思维的抽象存在。由此，亚里士多德回答了"数学是什么"的问题，认为：数学是研究大小的量和数的学问，但是研究对象的大小的量和数不是可以感觉到的、占有空间的、广延性的、可分大小的具体事物，而是具有某种特殊性质的抽象的大小的量和数。

亚里士多德主张"非理念论"的数学意义在于：通过抽象思维而非感性认识来理解抽象的数学，这种抽象的数学是独立存在的。同时，"非理念论"强调抽象的数学离不开感性认识，抽象的数学源于实践和感性，但又高于感性认识。

2. 西方近代关于数学的认识

"经验论""唯理论"和"辩证唯物观"共同构成了西方近代认识论哲学的基础，也决定了当时关于数学的认识和理解，其主要的代表人物有弗朗西斯·培根、笛卡儿、恩格斯等。

（1）培根的"经验论"数学观

培根是英国文艺复兴时期最重要的哲学家、思想家和科学家之一，是"经验论"哲学的开创者,他对自然科学提出了"经验论"观点(当时,人们将数学看作是自然科学的一部分),从而形成了他的"经验论"数学观。培根认为:感觉是一切知识的源泉,认知必须从感觉开始,除此之外,没有其他渠道,也就是说一切自然的知识都应求助于感觉,从而开拓了一条从物到感觉的唯物主义经验论的道路。在这种思想的支配下,培根将数学分为"纯粹数学"与"混合数学",这里的"混合数学"相当于应用数学,而培根所谓的"纯粹数学"是指处理完全与物质和自然哲学相脱离的量的科学。可以说,这是对亚里士多德关于"数学是量的科学"的进一步解释,明确了"量"的含义。

培根主张"经验论"数学观的意义在于:数学的研究对象来源于现实世界,人们应该将主要精力集中于观察和认识现实世界。实际上,解决现实问题成为当时数学家开展研究的中心问题,构成了当时近代西方数学发展的基本动力和源泉。

(2)笛卡儿的"唯理论"数学观

笛卡儿是法国的哲学家、数学家和物理学家。他的哲学思想改变了西方哲学的走向,即由对现实客观世界的关注转向对思想自身的关注;从对存在的客观性的追求转向对思维的客观性的追求;从为宗教教义辩护转向为科学知识提供基础。由此,笛卡儿试图用数学来证明他的哲学思想,解析几何学就是这种哲学思想的集中体现,是他对自然科学持有"唯理论"立场的结果。笛卡儿认为,一切知识都应该如同几何学那样,从几条"不证自明的"公理中推演出来,并且认为只有这种知识才是最可靠的。公理不是以经验事实为基础并由归纳得出的,而是先天固有的,也就是说数学具有绝对真理性。基于此,笛卡儿认为,凡是以研究顺序(order)和度量(measure)为目的的科学都与数学有关。

笛卡儿主张"唯理论"数学观的意义在于:将数学由单纯地关注客观世界转向用思维推理来认识世界,这种思想的结晶就是将其《几何学》作为他的哲学著作《方法论》的附录,由此创立了解析几何学,有力地推动了数学的发展。解析几何学的创立使数学由常量数学发展到变量数学,并成为变量数学的重要标志之一,也是变量数学的第一个里程碑。

(3)恩格斯的"辩证唯物"数学观

17世纪以来,运动与变化成为数学家们关注的焦点,其标志性的数学成果之一是牛顿与莱布尼茨创建的微积分，它是用数学来处理运动和变化的科学，是变量数学的另一个里程碑。到了 19 世纪，恩格斯在《反杜林论》中曾这样描述数学：数的概念与形的概念，同是得自外面世界的，而不是在头脑中从纯粹的思维产生出来的。要能够到达形的概念，先应该有那些具有一定形式的事物的存在，而且应该把这些事物拿来比较，纯粹数学的对象，是现实世界的空间形式及数量关系，所以是非常现实的资料。①由此，恩格斯认为，数学是研究数、形以及运动与变化的学问。同时，恩格斯认为，数学定理、公式、法则不是绝对正确的真理，而是一种在一定条件下的相对真理。《汉语大词典》根据恩格斯关于数学的阐释进一步定义：数学是研究现实世界的空间形式与数量关系的科学。

当前，中国基础数学教育就持有恩格斯的"辩证唯物"数学观。归纳起来，恩格斯主张"辩证唯物"数学观的内涵有以下几点。

第一，数学是从人的需要中产生的。

数学来源于社会，并反映现实世界的规律，是以经验为基础的长期历史发展的结果。这与唯心主义（如柏拉图的"理念论"）和形而上学（如笛卡儿的"唯理论"）的数学观有着本质的不同，唯心主义和形而上学的数学观仅看到了数学的抽象性特点，但是认为数学是从纯粹思维中产生的，数学研究的是与经验无关的"纯粹理性"的创造物。恩格斯的"辩证唯物"数学观则认为，数学的概念和数学方法都是以人的实践为基础的，并且是反映了现实世界的客观规律的，这样得出的数学结论也反映了人的周围世界的客观规律。

第二，数学是相对独立的理论科学的艺术。

数学的概念、思想和方法一旦从实践中提取出来，则数学就可以相对独立地发展。在考察对象时，数学舍弃现实材料的具体性，这就决定了数学研究的不仅是直接从现实世界中抽象出来的量的关系和空间形式，而且还研究那些以数学内部已形成的数学概念和理论为基础而定义出来的关系和形式。数学与一切其他科学一样，具有相对独立性和自身内在的逻辑性。

数学内在体系的发展以自由为主，用数学内部问题的提出和解决来推动数学理论不断向前发展。从这个意义上来说，数学家与艺术家的活动有共同

---

① 恩格斯. 反杜林论. 吴黎平，译. 2 版. 上海：三联书店，1950：34-35.

之处，即数学可以看作一门艺术，是数学家把一定类型的概念组合起来的艺术，通过思维的创造而得到的"艺术作品"。法国著名的数学家庞加莱认为，一个数学家必须具备对于数学美的感受力，凡是缺乏这种感受力的人不宜从事数学研究。

第三，数学的发展离不开实践。

到了 19 世纪，数学的发展动力主要是来自其内部的，但是仍然有其外部发展动力，它离不开实践活动，具体表现为：首先，实践活动向数学不断提出新的问题，从而推动新的数学思想和方法的形成，促进数学的发展。其次，数学以现实世界中的形式和关系作为自己的研究对象，离不开现实世界作为其研究基础。再次，数学的抽象性决定了它的应用广泛性，实践活动的深入需要数学理论作为指导。①

恩格斯主张"辩证唯物"数学观的意义在于：运用辩证唯物观点，可以科学地认识数学的客观内容，从而有新的发现和数学创新；同样，也可以为自然科学和社会科学研究提供必要的工具和有力武器。

3. 现代关于数学的认识

20 世纪之前，数学家普遍地认为数学的基础问题已经解决，即认为整个数学大厦建立在集合论的基础上是比较牢靠的。但是，英国哲学家、数学家、逻辑学家罗素发现了一条悖论（现称之为"罗素悖论"，Antinomy of Russell），该悖论引发了数学家们的恐慌，也就是说以往对于"数学是什么"问题的认识和理解存在着基础性的错误。由此，人们对以往的数学观产生了动摇和怀疑，开始思考建立新的数学观。

所谓罗素悖论，就是假设以 M 表示其自身成员的集合，N 表示不是其自身成员的集合。这样，现在的问题是：对于集合 N，它到底是否是它自身成员的集合？结果发现：无论给出什么样的答案，都会出现自相矛盾的结论。其理由是：如果 N 是它自身成员的集合，则 N 属于 M 而不属于 N，也就是说，N 不是它自身成员的集合，矛盾；如果 N 不是它自身成员的集合，则 N 属于 N 而不属于 M，也就是说，N 是它自身的成员集合，矛盾。

---

① 王运敏. 辩证唯理整体数学观是数学认识的基石. 科学技术与辩证法，2002，19（1）：16-18.

罗素又给出该悖论的通俗形式的表述，即所谓的"理发师悖论"：

某乡村理发师挂出一块招牌，宣布了一条规定：本理发师给村里所有不给自己刮胡子的人刮胡子，并且只给村里这样的人刮胡子。这样，同样的问题是：这位理发师是否自己给自己刮胡子？结果发现：无论给出什么样的答案，总得出矛盾的结论。其理由是：如果理发师自己给自己刮胡子，他就不符合自己的规定，因此，他不应该给自己刮胡子；如果理发师不给自己刮胡子，那么根据规定，他就应该给自己刮胡子。也就是说，不论由谁来给该理发师刮胡子，都会导致矛盾的结论。①

由罗素悖论引发了史称"第三次数学危机"，数学家们开始思考解决数学的基础问题，这必然涉及数学观。当时，数学家们解决问题的基本思路都是从数学的逻辑基础开始研究，在历史上形成了三种关于数学的认识和观点：第一种是以罗素为代表的逻辑主义数学观，第二种是以布劳威尔（Brouwer）为代表的直觉主义数学观，第三种是以希尔伯特（Hilbert）为代表的形式主义数学观。这三种数学观将在后文详细介绍。在当时，罗素悖论引发了人们不同的数学观，由此，在这些不同数学观的基础上还形成了一门新的数学分支——数学哲学，旨在专门研究"数学是什么"等系列数学基础问题。

第三节 数学文化是什么

数学作为一门基础学科，是一切科学最为得力的助手和工具，具有重要的科学价值。中国著名的数学家华罗庚对数学曾这样形象地描述：宇宙之大、粒子之微、火箭之速、化工之巧、地球之变、生物之谜、日用之繁，无处不用数学。除此之外，数学还被认为是一种文化，将数学提升到一个新的高度，不仅在于其科学价值，而且还在于其丰富的文化价值。

一、数学是一种文化

目前，人们普遍认同的一种看法是：数学是一种文化，由此进一步提炼、总结，形成了一个新的概念——数学文化。

---

① 李文林. 数学史概论. 3 版. 北京：高等教育出版社，2011：302.

1. 数学文化的内涵

到目前，关于"什么是数学文化"，还没有一个被大家所公认的、统一的界定。但是归纳起来，中国学者对"数学文化"内涵的研究大体可以分为以下两类。

第一类是从宽泛的意义上理解数学文化。

其代表性的观点主要有：第一种认为，数学是一种文化，而文化有广义和狭义之分。广义的文化，是相对自然界而言，是指人类的一切活动所创造的、非自然的事物和对象。第二种认为，数学文化作为人类基本的文化活动之一，是与人类整体文化血肉相连的。在现代意义下，作为一种基本的文化形态，数学文化属于科学文化范畴。从系统的观点看，数学文化可以表述为：以数学科学体系为核心，以数学的思想、精神、知识、方法、技术、理论等所辐射的相关文化领域为有机部分的一个具有强大精神与物质功能的动态系统。第三种认为，现代数学已经发展为一种超越民族的文化。数学文化是由知识性成分（数学知识）和观念性成分（数学观念系统）组成的。它们都是数学思维活动的创造物。数学家在创造数学文化的同时，也创造和改造着自身，在长期的数学活动中，形成具有鲜明特征的共同的生活方式（这种方式是数学观念成分所制约的），并形成了一个相对固定的文化群体——数学共同体（数学文化的主体）。

这些代表性观点的共同要点可以简要地概括为：数学文化既包含科学因素，又包含人文因素。

第二类是侧重于上述数学文化的人文因素。

其代表性的观点主要有：第一种认为，数学文化主要是指数学的思想、精神，也包含数学家、数学史、数学美等数学的人文成分。第二种是狭义的理解，数学文化是指社会意识形态或观念形态，即人类的精神生活领域。第三种认为，数学除了其科学性之外，还有文化性、社会性、艺术性、历史性，统称为数学的人文性。第四种认为，数学文化表现为在数学的起源、完善和应用的过程中所体现的对于人类发展具有重大影响的方面。它既包括对于人的观念、思想和思维方式的一种潜移默化的作用，对于人的思维的训练功能和发展人的创造性思维的功能，也包括在人类认识和发展数学的过程中所体现出来的探索和进取的精神和所能达到的崇高境界等。

这些代表性的观点的共同要点是突出数学的人文性。[①]

这里，我们更倾向于第一类，即数学文化是指在一定历史发展阶段，由数学共同体在从事数学实践活动过程中所创造的物质财富和精神财富的总和。

2. 数学文化的特征

由上述关于数学文化的内涵，我们从中可以总结出数学文化具有以下一些特征。

第一，历史性。数学家在从事数学研究活动时必须符合数学研究的共同规范或准则，这在一定意义上构成了数学传统。这种数学传统反映了数学的历史文化背景，数学共同体正是在这种文化背景下从事数学实践活动。

第二，主体性。数学文化的主体是从事与数学密切相关的活动的社会群体—数学共同体，主要包括从事数学研究的科研人员、数学教育工作者、从事数学转化与应用的科技人员和数学学习者。

第三，双重性。数学文化以某种载体或某种形式来体现出物质财富和精神财富的总和。物质财富的体现是以物质形式存在的，如数学教学的教具、数学实验设备等。精神财富的体现是以精神形式存在的，如数学思想方法、数学家的探索精神、理性精神等。[②]

二、数学的文化价值

数学的文化价值概括起来有三个方面：纯粹数学价值、应用价值和精神价值。

1. 纯粹数学价值

数学与现实世界有着重要的联系，同时它又是一个需要暂时脱离物质运动形式而进行研究的、具有高度抽象性的学科，也就是说数学新分支的形成除了外部力量推动之外，还有数学自身发展的原因。例如，群论形成于五次及五次以上方程的代数求解问题的研究；非欧几何学形成于对欧几里得"第五公设"的长时间研究。

---

① 陈克胜，代钦. 融入还包容——关于《普通高中数学课程标准（实验）》中的"数学文化"的思考. 数学教育学报，2011，20（5）：90-92.

② 陈克胜. 基于数学文化的数学课程再思考. 数学教育学报，2009，18（1）：22-24.

还有一些著名的数学问题，深深地吸引着一些数学家对这些问题的研究，这样这些问题的研究在数学的发展中起到了重要的推动作用。例如，20世纪初，著名数学家希尔伯特提出了23个数学问题，对这些问题的研究，有力地推动了20世纪数学的发展，不仅得到了一系列重要的研究成果，而且在研究的过程中，产生了一系列重要的数学思想方法，促进了一些新的数学分支的建立和发展。

2. 应用价值

数学的发展经常与探索自然现象、社会现象的基本规律联系在一起。数学自诞生之日起，表现为提供给人类认识世界和改造世界的工具和语言。

近代以来，数学的发展与科学紧密联系在一起，数学在认识自然和探索真理方面的意义被高度重视，推动了其他科学的发展。可以说，数学成为诸如物理、天文、化学、生物等自然学科的基础，主要表现为：数学为它们提供了描述自然的语言与探索大自然奥秘的工具。例如，牛顿在微积分的基础上发现万有引力定律，爱因斯坦建立广义相对论得益于黎曼几何学。

到了现代，自然科学的各研究领域都进入了更深的层次和更广的范畴，更加需要数学为其提供理论支撑。例如，理论物理中的规范场论与微分几何中的纤维丛理论紧密相关；分子生物学中关于脱氧核糖核酸的分类研究与拓扑学中的纽结理论有关。数学运用于自然科学的研究依然呈现出蓬勃的趋势。[1]

另外，社会科学也与数学建立紧密的联系，运用数学手段开展研究，使之更加科学。例如，数学在经济、财政和金融等社会活动中的运用，尤其是自诺贝尔经济学奖诞生以来，大部分得主与数学有关。

3. 精神价值

数学的精神价值主要包括研究精神、数学思想、数学思维等。日本数学家米山国藏曾经形象地说明数学所蕴含的精神价值，他认为：在学校所学习的数学知识，如果毕业后不再去运用或没有机会去用，那么这些所学习的数学知识很快就会被忘掉。但是有意思的是，不管他们从事什么工作，深深铭刻在心中的数学精神、数学思想方法、研究方法、推理方法和看问题的着眼点等，都随时随地地发挥作用，使他们从中受益。

---

[1]　数学课程标准研制组. 普通高中数学课程标准（实验）解读. 南京：江苏教育出版社，2004：7-12.

数学家在其研究过程中也自然地、潜移默化地形成了可贵的研究精神，这是由科学本性所要求的和对真理的无私追求所决定的。反过来，这种精神对于科学活动起到了难以想象的作用。美国著名的科学史家萨顿（Sarton）认为，科学精神是科学活动的灵魂。一个人若没有浩博的哲学气质和严谨细致的科学精神，很难成就一番伟大的事业。例如，陈景润对哥德巴赫猜想的求证，表现了一种艰苦奋斗、勇于探索的科学精神，这种精神与科学研究活动相互促进，最终促成了他在哥德巴赫猜想研究中的杰出成就。

数学思想对于推动人类进步与社会进步、促进个人智力发展等多方面都有重要的作用。例如，公理化思想是数学的基本思想之一，它从若干不加定义的概念、公理或公设出发，进行逻辑地论证，形成一套严密的数学知识体系。公理化思想对数学乃至整个科学的发展都有重大的作用，因为公理化思想具有分析和总结数学知识的作用。采用公理化结构形式，命题按照逻辑演绎关系串联起来形成有机的整体，从而可以从根本上理解和掌握数学，也便于应用。同时，公理化方法把各个数学理论的基础分析得清清楚楚，有利于比较各个数学分支理论的异同，从而促进和推动新理论的产生。例如，概率论公理化是受公理化思想的影响和启发，克服了概率论的理论基础不牢固、概念混乱等现象而产生的。

为了更好理解和体会数学的文化价值，下面以数学的一些基本概念来说明其自身所蕴含的丰富的文化价值内涵。

例1-3 "一元一次方程"的文化价值内涵。

"一元一次方程"的文化价值内涵包含以下方面。首先是一元一次方程的科学概念，即含有一个未知数且未知数的指数最高为一次的方程称为一元一次方程。其次是一元一次方程的精神价值和应用价值：方程作为人类思想的一次飞跃，是继算术思想之后的又一重要的数学思想，折射出人类的智慧；方程在其历史发展过程中呈现多元文化特征；方程体现了符号化的思想，体现了数学的简洁美；方程所解决的问题是现实问题，在解决现实问题过程中，反映一个人的思维方式、态度、价值观和数学观；现实问题大部分又是源于社会，反映了数学的社会需求，反映了社会发展推动数学发展的作用。[1]

---

[1] 陈克胜,董杰. 彰显数学文化的一元一次方程的教学案例及其思考. 内蒙古师范大学学报（教育科学版），2012，25（2）：135-138.

例1-4　函数的文化价值内涵。

函数的文化价值内涵包含以下方面。首先是函数的科学概念，即：假设 A、B 是非空的数集，如果按照某种确定的对应关系 f，使对于集合 A 中的任意一个数 x，在集合 B 中都有唯一确定的数 $f(x)$ 和它对应，那么就称 $f: A \to B$ 为从集合 A 到集合 B 的一个函数。其次是函数的精神价值和应用价值，即函数反映人们在变化事物之间归纳出一种不变的规律，也就是对应关系；函数的历史演化反映人们认识事物往往经历不断深化的一个过程；函数的"对应说"反映人们采用一种静态方法来研究运动变化的事物，体现了静止与运动的关系；函数反映出人们往往从已知出发，通过对应关系来认识未知的世界，体现人类认识世界的基本思想方法。[①]

第四节　学科体系中的数学

数学在其发展的早期主要是作为一种实用的技术或工具，广泛地应用于处理人类生活中的各种实际问题。随着数学的发展和人类文化的进步，数学的应用逐渐扩展，并深入各个科学技术领域。从古希腊开始，数学与哲学建立了密切的联系，近代以来，数学除了同自然科学领域相结合以外，还进入了社会科学和人文科学，并成为一种强大的趋势。[②③]可以说，数学已在学科体系中处于基础性地位，为其他学科研究提供有力的工具，也是新型的系统科学的催化剂。

一、数学在学科体系中的基础性地位

数学在学科体系中处于基础性地位，其主要表现在于数学思想、数学研究方法和手段。

数学思想是数学在学科体系中处于基础性地位的首要表现。数学思想的

---

① 陈克胜. 数学文化教育何以生根. 数学通讯，2016，（5）：4-7.

② 数学课程标准研制组. 普通高中数学课程标准（实验）解读. 南京：江苏教育出版社，2004：17-22.

③ 刘兼，孙晓天. 数学课程标准解读（实验稿）. 北京：北京师范大学出版社，2002：5-18.

核心内容包括两个部分：论证思想和公理化思想，而这两者本质上又是一致的。论证思想是逻辑地论证，但它不是一般地归纳，一般地归纳出来的而没有加以证明的结论只能是一种猜想。简而言之，论证就是对各种猜想的逻辑证明。公理化思想是对一些在实践或理论中得到的零散的、不系统的知识和方法进行分析，找出一些"不证自明"的前提（公理），从这些前提（公理）出发，进行逻辑地论证，形成严密的体系。也就是说，公理化思想是把一些基本概念（定义）或基本命题（公理）作为逻辑起点，利用逻辑推理法则形成一系列定理体系的思想。近代以来，西方的科学家和思想家常常以数学思维模式来思考和研究科学、社会、经济等问题，也就是说，学科体系中的各个学科都有数学思维模式或影子。例如，牛顿从他著名的三大定律出发，演绎出经典力学系统；美国的《独立宣言》试图借助公理化思想的模式使人们对其确定性深信不疑；马克思从商品出发，一步一步地演绎出资本主义经济发展的过程和重要结论。

实际上，公理化思想最早源于古希腊哲学。当时，古希腊先哲们大多认为：自然界是按照数学的规律运行的。此后，公理化思想为历代数学家、科学家或思想家所广泛运用。欧几里得的《原本》是第一个运用公理化思想而形成的数学著作，并成为数学中演绎范式的典范。后来欧洲近代时期比较有影响的笛卡儿"唯理论"思想，也是受到古希腊公理化思想的影响而形成的。到了 19 世纪末，希尔伯特的《几何基础》成功地使用公理化思想来建造各种几何，实现了几何学的统一，并对公理化方法进行完善。因此，数学家乃至科学家们不仅仅运用数学思想来研究纯粹数学，而且也运用数学思想来描述自然界和人类社会。

数学研究方法和手段是数学在学科体系中的基础性作用的另外一种表现。也就是运用数学研究方法和手段可以有效地解决各个学科所遇到的一些问题。

例 1-5 天体物理中的数值模拟。

天体物理是物理学和天文学的一个分支，它研究天空物体的性质以及它们之间的相互作用。但是天文学研究中有很多问题无法通过物理实验来实现，天文学家和物理学家想到借助数学模型和电子计算机来研究，利用数值模拟来达到物理实验的功效，这也就成为天文学家手中强有力的工具。曾经有一位物理学家这样感叹：贯穿整个物理科学的曲折变化的历史，始终有一个不变的因素，那就是数学想象力。

实际上，每个时代都有它特有的科学预见和它特有的数学风格。每个时代，物理科学的主要进展都是在经验的观察与纯粹数学的直觉相结合的引导下取得的。因此，对于一个物理学家来说，数学不仅是计算现象的工具，而且也是得以创造新理论的概念和原理的主要源泉。

例 1-6　社会科学中的问卷调查。

《哲学大辞典》认为，社会科学是以社会现象为研究对象的科学，以揭示社会现象的本质和规律。表面上来看，社会科学与数学无关，但是社会科学研究中存在许多难题，需要借助数学方法来化解这些难题。问卷调查是社会科学家常用的一种数学研究方法。

一般地，社会科学的调查要求从随机挑选的一组人群中得到对他们所提问题的诚实回答，但是被调查者常常出于个人隐私等方面的考虑，不愿意对采访者如实应答。因此，解决问题的关键是既要收集到真实有效的信息，同时又能确保被调查者的隐私不受侵犯。概率论为这种社会科学的调查提供了一个有效的研究方法，从而解决了这一难题。这种方法的基本思路是：社会科学调查者可以设计两个问题，人们可以随机地选答这两个问题中的一个，而不必告诉调查者回答的是哪个问题。两个问题中有一个是可能会使人为难的话题，另一个是无关紧要的问题。对于无关紧要的问题不妨这样设计："你刚才所掷的硬币是正面朝上吗？"而可能会使人为难的话题是社会科学真正研究的问题。要求应答者投掷两次硬币，第一次的结果作为第一个问题的答案，再根据第二次投掷硬币的结果决定回答哪个问题。由于两次掷硬币的结果都只有被调查者本人知道，因此，他可以诚实地回答选中的问题而不必担心暴露个人隐私。

二、数学是各学科研究的有力工具

自古以来，数学就成为其他各学科研究的有力工具。早期的数学为人类解决各种实际问题，并且数学从中也得到了发展。中国古代经典数学著作《九章算术》采用问题集的形式，而这些问题都来源于社会生活实践，用数学来解决，并且由此推动了中国古代数学传统的发展。古希腊把数学等同于物质世界，并在数学里看到关于宇宙结构和设计的最终真理，他们建立了数学和研究自然真理之间的联系，这在以后便成为现代科学的基础。同时，他们把对自然的合理化认识推进到深远的程度，使他们能牢固树立一种信念，感到宇宙确实是按数学规律设计的，是有条理的、有规律的，并且能被人们所认识的。

数学不仅是自然科学的基础，而且也是一切重大技术革命的基础。20世纪最伟大的技术成就之一是电子计算机的发明与应用，它使人类进入了信息时代。冯·诺依曼研究和开发出的图灵机就是以数学作为其理论与技术基础。数学与计算机技术的结合形成了数学技术，数学技术也就成了许多高科技的核心，甚至连数论这样过去被认为没有实际应用的学科，在信息安全中也有了突破性的应用。这些表明：数学正从幕后走向前台，直接为社会创造价值，甚至可以认为，高科技本质上就是数学技术。

除了在自然科学中的基础作用外，数学还在经济、财政、金融和文学等社会活动、社会科学中有着不可替代的重要意义。例如，经济学经常用数学模型来研究宏观经济与微观经济，用数据来量化宏观经济和微观经济的指标，使之更有科学依据；还有用数学手段进行市场调查与预测、进行风险分析、指导金融投资。

三、数学是系统科学诞生的催化剂

系统科学已成为现代最有影响的一门综合性的基础科学和横断科学，涉及自然科学、社会科学，其应用范围已渗透到工业、农业、商业、国防、科学技术、教育、管理等各个领域和部门。而数学在系统科学的诞生中充当了强有力的催化剂。

系统科学源于生物学家贝塔朗菲（Bertalanffy）在20世纪30年代中期创立的一般系统论，是把系统作为研究对象，撇开系统的具体运动形态，主要考察整体与部分之间的关系，确立适用于系统的一般原则。实际上，系统科学是一个逻辑和数学的领域，数学方法和系统论在发展过程中相互促进、横向渗透，数学对于建立系统科学起到重要的作用。

数学在系统科学的诞生中充当强有力的催化剂，是数学的高度抽象性所决定的。早在古希腊时期，亚里士多德就提出了"整体大于它的部分的总和"

的观点。到了 16 世纪，人们对整体观的思想却有所忽视。因为当时科学的主要任务是搜集材料，由此分门别类地进行研究，这样，笛卡儿和伽利略所倡导的数学－实验的分析方法在科学方法论中占据了主导地位，也就忽视了从整体上把各个事实联系起来考察的观点。但是，随着自然科学的发展，各学科之间的本质联系更加密切，黑格尔率先提出辩证法的哲学观，马克思和恩格斯继承了黑格尔的辩证法，依据自然科学发展的实际状况，创立了唯物辩证法。此后，贝塔朗菲、普利高津（Prigogine）、哈肯（Haken）等人运用数学方法对系统观进行精确的表述。至此，引入数学方法的系统科学，不仅能够指出自然界中各个领域内的过程之间的联系和各个领域之间的联系，而且还能够以精确的系统形式描绘出一幅自然界普遍联系的清晰图画，使其真正成为关于过程、关于这些事物的发生和发展，以及关于把这些自然过程结合为一个伟大整体的联系的科学。①

　　总之，数学与其他学科有着密切关系，甚至是不可分割的，它在科学技术体系中发挥着基础性的作用，成为各门学科研究最有力的工具，也是系统科学诞生的催化剂。可以说，数学的介入，使其他学科成为真正的科学。

---

　　① 刘永振. 数学方法和系统论. 大连工学院学报，1982，21（4）：199-205.

第二章　哲学与数学

　　哲学对人与世界进行总体的抽象研究，其研究的命题涉及包括数学在内的所有学科，其研究对象是与认识论、实践论和方法论密切相关的本体论问题。但是在所有的学科中，数学与哲学关系最为密切。因为数学是最抽象的，超越所有的自然科学、社会科学、系统科学，并且数学所使用的方法也主要是逻辑推理，与哲学的研究方法很接近。虽然数学与哲学关系密切，但是它们在许多方面也有原则性的不同，各有自己的学科特征。

　　关于哲学与数学之间的密切关系，张景中院士在《数学与哲学》中曾这样形象地比喻：哲学是望远镜，数学是显微镜。其意思是：把哲学比喻成望远镜，而把数学比喻成显微镜，将具体对象拿到手里，切成片，用显微镜仔细观察，才能有所发现，研究的是具体对象的规律。自古以来，哲学与数学就结缘，社会主流哲学观点一直都对数学研究产生了重要的影响，可以说不同的哲学思想产生了不同的数学风格，以及影响数学在社会中所处的地位。历史上，由于受到哲学的影响，数学曾经形成了具有算法倾向的东方数学和具有演绎倾向的西方数学两大主流传统。①

第一节　关于哲学的若干问题

　　哲学是一门古老的学问，人类创造了光辉灿烂的优秀的哲学传统。但是对于"哲学是什么""哲学思考的主要问题是什么"等一些基本问题，人们还没有一致的看法和认识。同时，这些问题的探讨不仅有助于哲学学科本身的发展，而且对其他学科（包括数学）的发展产生重要的影响。

---

　　① 李文林. 数学的进化——东西方数学史比较研究. 北京：科学出版社，2005：3-12.

一、哲学是什么

philosophy 一词源于古希腊文，原义是爱智慧。虽然中国古代也曾有伟大的哲学家，提出了伟大的哲学思想，但是"哲学"这个词在中国古代典籍中并没有出现。"哲学"这个词最早是由清朝末期的学者黄遵宪从日本介绍到中国，此后逐渐得到中国学者认可和使用。

古往今来，"哲学是什么"没有一个统一的答案。但是，从哲学系统化程度的角度来看，关于"哲学是什么"大体有三种层次的理解。

第一层次是每个人都有的自己的哲学。这一层次的人即使完全不懂哲学，但他们也各有自己的生活行为准则，对这些准则作出批判性的反省，从而形成了他们自己的伦理思想。这种每个人各有的哲学具有经验性、零散性和不系统性，因此，往往并不将其纳入哲学的范畴中。

第二层次是科学，包括自然科学和社会科学，也就是所谓科学哲学，探索世界的本质，其中也包括人自身在内的本质。这种科学哲学相当于前文有关学科体系所提到的"桥梁"。

第三层次是真正意义的哲学。这一层次是在正确思维原则的指导下具有一定的思维方式和认识活动，具备了一种认识的理论，并得到批判性的检验。[①]

据此，对于"哲学是什么"的回答，大多数更倾向于真正意义的哲学层次理解。因为它具有以下一些特征：

1. 具有理论化和系统化的世界观和方法论

所谓世界观，是指人们对于生活在其中的整个世界以及人与世界之间关系的根本观点和看法。有了世界观，随之伴行的是人们在认识世界和改造世界中所采用的方法，也就是所谓的方法论，是指人们认识世界和改造世界所遵循的根本方法的理论。哲学中的世界观和方法论呈现为系统化和理论化的特征，并且两者具有辩证关系，也就是：一方面，世界观和方法论是统一的，表现为同一个问题的两个侧面；另一方面，世界观决定方法论，方法论体现世界观。

---

① 杨生枝. 走进哲学世界：上. 西安：陕西人民出版社，2015：1-7.

2. 具有慎思明辨的理性和真切的情感

所谓理性，就是概念、判断、推理等思维形式或运用这些思维形式而进行的思维活动。通过哲学的理性思维，人们可以把握事物的本质、全体、内部联系，使认识超出感性直观的范围。另外，哲学也思考诸如"我们该怎么活着"等人生问题，充满着真切的人的情感。例如，中国儒家哲学从问题求解和实践论证需要出发，将知、情、意融合为一体，提出了"以修身为本""仁者不忧，智者不惑，勇者不惧"等系列儒家哲学的核心思想。因此，哲学不仅具有慎思明辨的理性思维特征，而且还包涵人自身的真切的情感特征。

3. 蕴含着极其深刻的生活体验

一般来说，凡是有一定生活经验的人，在长期生活的实践中，都会悟出一些道理。这些道理经过提炼、归纳和整理，形成文字以后便是富有哲理性的思想，即人生哲学。例如，"冷不到六月，热不到腊月"，这说明只要忍耐，事情一定会好起来的。又如，诸葛亮提出的"鞠躬尽瘁，死而后已"；范仲淹提出的"先天下之忧而忧，后天下之乐而乐"；匈牙利诗人裴多菲提出的"生命诚可贵，爱情价更高，若为自由故，二者皆可抛"；等等。这些名言发人深思，给人以教益。因此，从这个角度来看，哲学是关于人生的顿悟和艺术的学问，蕴含着极其深刻的生活体验。

因此，在某种程度上，"哲学"可以概括为研究宇宙、人生和文化的学问，这些都成为哲学的最基本问题。

二、哲学研究的主要问题是什么

哲学主要是研究人与世界的关系，也就是研究人在实践活动中形成的认知关系（真与假）、评价关系（善与恶）和审美关系（美与丑）。由此，哲学研究的主要问题可以集中体现为求真、明善、审美。[①]

1. 求真

人类在认识和改造世界的过程中，必然涉及有关宇宙的知识，在哲学上表现为求真。哲学的求真主要包括两个内容：一是真的信念，二是真的存在。

---

① 孙正聿. 哲学通论. 上海：复旦大学出版社，2007：225-292.

哲学关于"真的信念"主要分为两类：第一类，涉及一般的人类知识，如认识论、逻辑学、方法论；第二类，关于各种具体科学的知识，如数学知识、物理学知识等。

关于"真的存在"。哲学家们首先要面临的问题是：存在着的东西是"现象"还是"实在"？不同哲学家对此问题有不同的回答。"实在论"主张，现象不是真正的存在，只有现象背后的实在，才是真正的存在。而"实在"到底是什么？哲学家们又有不同的观点。例如，柏拉图认为"实在"是作为共相的理念，黑格尔认为"实在"是作为绝对精神的理念，恩格斯认为真正的"实在"是物质。由此，历史上关于"实在"的讨论形成了自然、历史和精神3个基本领域，即自然哲学、历史哲学和精神哲学，经历了直观、思辨和科学的3个阶段。

2. 明善

哲学不仅是对"真"的寻求，更重要的是为了获得规范人的思想与行为的"根据""标准"和"尺度"，从而奠定人类自身在世界中的支撑点。对"真"的寻求，最终归结为对"善"的寻求，即人自身的幸福与发展的寻求。

关于"善"，哲学家们存在不同的看法和理解，也有中外之差别。

西方哲学对于"善"的研究可追溯到古希腊。古希腊哲学家苏格拉底将"善"看作是全部哲学的核心，认为：知识之为知识在于对善的认识，美德之为美德在于对善的追求，二者统一于最高的善。古希腊哲学家柏拉图认为，"善"有三层含义：第一层，"善"的理念是指使认识的对象获得真理性的原因；第二层，"善"是指使认识的主题（心灵、理智）具有认识能力的原因；第三层，从本体论来看，"善"的理念是使一切理念得以存在，获取实在性的原因，但它本身又是超越存在，高居于存在之上的东西。古希腊哲学家亚里士多德将"善"作为伦理学的核心范畴，认为幸福是每个人都有的，是由其自身原因而去追求的东西，它是人的自然之善。近代西方哲学家康德认为，"善"独立于社会，只有通过理性的反省才能找到，"善"即"理性"。总而言之，西方哲学对于"善"的理解与现实有一定的分离。

与西方哲学不同，中国古代哲学对于"善"的理解则与现实紧密相连。春秋战国时期，"善"被理解为"可欲之谓善"，即人的追求和想法可以得到满足，这就是善。老子对"善"的理解有两种含义：第一，包容、谦卑、无私奉献的美德；第二，以最少的损耗取得最优的效果。孔子对"善"的理解归结为"仁"，如"仁者爱人""克己复礼为仁"，强调"忠、慈、温、良"。

3. 审美

美是古往今来的哲学家们不断探寻和反思的对象，其内容主要有美的本质、美的存在、美的发现和美的追求等。但是哲学对于"美是什么"的回答也有不同的说法和认识，也有中外之差别。

在西方，对于"美是什么"，不同的时代、不同的哲学家都有不同的理解。苏格拉底认为，从不同的效用和目的来看，同一事物是否美，有其不同的判断。柏拉图认为，美不是美的具体事物，而是理念，理念是美的具体事物所以美的原因。亚里士多德主张美在于和谐，认为美的主要形式在于"秩序、匀称与明确"。到了近代，康德认为：美是一种特有的情感判断；美是判断在先，具有某种"共通性"的特点；美的愉悦的根源是一种感性与理性的"自由的协调"，美不在于纯然的感性，而在于两者的统一。黑格尔提出"美是理念的感性显现"的观点，其意思是指理念的内容必须通过具体可感知的活生生的形象才能得以显现，认为自然美是理念发展到自然阶段的产物，艺术美是理念发展到精神阶段的产物，高于自然美。总之，西方对于"美是什么"大致分为以下四类观点：第一类，认为美在于形式，主张美不在于心，而在于客观之物，在于事物自身的形式、属性；第二类，认为美在于理念，精神现象是客观实体，这种客观的精神实体是万物的本原，同时也是美的本原；第三类，认为美在于主观，精神现象是主观心理活动的结果，要从人的心理、感觉、情感、想象、理智等之中寻求对美的解释；第四，认为美在于生活，主张事物美与不美，决定的因素不在于该事物本身，而是取决于该事物与社会形成某种关系之后所表现的意义。

与西方哲学不同，中国古代哲学关于"美是什么"的认识和理解，虽有细微的区别，但表现为一种传统的继承，强调人与自然的统一、人与社会的统一、主观与客观的统一，人生最高境界是无为而无不为，超脱一切，在精神上获得绝对自由。儒家哲学认为，美就是道德的善。其中，孔子强调人际关系以仁为美，孟子认为美即"仁爱"。道家哲学认为，美是自然无为之道。

总之，"真善美"成为哲学的主要问题，不同的年代、不同的哲学家有着不同的回答，东西方也存在着不同的观点。因此，探讨和研究"真善美"构成哲学永恒的课题。

三、哲学思维的特征是什么

哲学思维是人类把握世界的一种独特方式，并影响包括数学在内的其他学科。哲学思维是运用一般性、普遍性、抽象性的方式而进行的一种思维，是以理性的辩证法并结合形式逻辑为主，具有自身的一些思维特征：

1. 超越性

一般地，思维可划分为对象性思维和超越性思维。具体地说，超越当前事物而指向其"背后"，超越眼前事物而回溯过去、展望未来，哲学思维具有这种超越性。

2. 批判性

批判性思维是指通过分析、考察揭示出对象成立的条件和根据，指出其有限性和适用范围。当该对象超出其适用的范围时，警示对象可能会产生谬误。哲学思维具有这种批判性。

3. 反思性

黑格尔认为，反思的基本含义有多种：对对象意识的再思考；透过现象看本质；在事物的相互联系中探索事物的原因。哲学思维具有这种反思性。[①]

以上所谓的哲学的若干问题只是简单说明哲学所关注的若干主要问题，而没有谈及其他。这里，只是更多地考虑到与数学的关联，哲学所关注的问题潜移默化地渗透到数学学科，包括数学发展方向、数学传统、数学思维等方面。

第二节　中国古代哲学与中国古代传统数学

中国作为古老的文明国家之一，有着悠久的历史和灿烂的文化，其中包

---

① 王让新. 哲学通论. 成都：电子科技大学出版社，2015：51-73.

括业已形成的中国古代特色的、独立的哲学和数学，同时，这两者又有着密切的联系。中国古代传统数学在其发展过程中，深受中国古代哲学的影响，形成了自己独立的数学思想体系，具有同中国古代哲学相匹配的、表现为具有算法倾向特征的东方数学。

一、中国古代传统数学概述

一般认为，中国古代传统数学是从公元元年前后到公元14世纪的数学，先后经历了三次发展高峰，即两汉时期、魏晋南北朝时期和宋元时期。其中，宋元时期达到了中国古代传统数学的顶峰，形成了善于计算，具有程序化、机械化等特点的中国古代传统数学。

1. 两汉时期

两汉时期是中国古代传统数学发展的第一个高峰，其标志性的著作主要有《周髀算经》和《九章算术》。其中，《九章算术》被认为是中国古代传统数学形成的标志，也就是说《九章算术》奠定了中国古代传统数学的基本框架和基本思想。

《九章算术》共有246道数学题，按照这些数学题的性质分成九章内容，即方田、粟米、衰分、少广、商功、均输、盈不足、方程和勾股共九章。这九章内容有一个共同特点，即全书的体例基本相同：首先提出问题，然后给出答案，最后适时给出若干算法。这里的"问题"具有典型性，即所谓的"类"，而"算法"具有程序性特点，其算理则蕴含在具体的算法中，但并没有给出现今意义的数学证明。这种体例成为中国古代数学传统著作的典范。

例2-1　《九章算术》的体例与特点。

以《九章算术》"方田"章为例来说明。其中，第三十一题：今有圆田，周三十步，径十步。问为田几何？答曰：七十五步。第三十二题：又有圆田，周一百八十一步，径六十步三分步之一。问为田几何？答曰：十一亩九十步十二分步之一。术曰：半周半径相乘得积步。又术曰：周径相乘，四而一。又术曰：径自相乘，三之，四而一。又术曰：周自相乘，十二而一。（如图2-1）这两道数学题的体例基本相同，这些问题来自生产、生活实际。同时，《九章算术》也注意对这些问题进行分类，具有典型性和代表性，这样给出一个固定的算法就可以解决这一类问题的计算。这种范式强调"算"，但没有现代意义的数学证明，显现了中国古代数学具有算法倾向的特征。

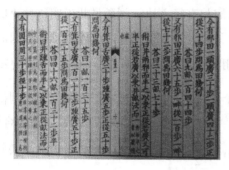 

图 2-1　《九章算术》中的"圆田术"

2. 魏晋南北朝时期

魏晋南北朝时期是中国古代传统数学发展的第二个高峰。由于受到当时中国哲学的思辨之风的影响，中国古代传统数学兴起了论证的趋势，诞生了以赵爽、刘徽、祖冲之和祖暅为代表的中国古代杰出的数学家，以注释《周髀算经》和《九章算术》的方式寻求一些重要结论的数学证明。

例 2-2　刘徽注释《九章算术》及其特点。

刘徽注释《九章算术》代表了中国古代传统数学新的发展方向，即此时的中国数学以注释的形式向数学证明的方向发展。这里以刘徽对《九章算术》中"圆田术"的注释为例来进行说明。

圆田术曰：半周半径相乘得积步。徽注云：按半周为从，半径为广，故广从相乘为积步也。假令圆径二尺，圆中容六觚之一面，与圆径之半，其数均等。合径率一而外周率三也。又按为图，以六觚之一面乘半径，因而三之，得十二觚之幂。若又割之，次以十二觚之一面乘半径，因而六之，则得二十四觚之幂。割之弥细，所失弥少。割之又割，以至于不可割，则与圆合体，而无所失矣……由此，可以看出：刘徽对《九章算术》中关于"圆田术"进行了详细的注释或论证，并相当于给出了圆面积的精确公式：$S = \dfrac{C}{2} \cdot R$，其中 S 为圆的面积，C 为圆周长，R 为圆的半径，并用图来验证"圆田术"的正确性。

图 2-2 是"假令圆径二尺，圆中容六觚之一面，与圆径之半，其数均等。

合径率一而外周率三也"的图解。正六边形的边长 $a_6 = R$，将圆周近似地看成正六边形的周长 $C \approx C_6 = 6R$，这样，$C_6 : 2R = 3 : 1$，从而证明了《九章算术》中的"周三径一"，实际上是六觚外周与直径之比。刘徽借此说明这种"周三径一"不精确，由此进一步提出："又按为图，以六觚之一面乘半径，因而三之，得十二觚之幂。"（如图 2-3）相当于 $S_{12} = \dfrac{C_6}{2} \cdot R = 3(a_6 \cdot R)$。为了更精确计算圆的面积，刘徽又作注："次以十二觚之一面乘半径，因而六之，则得二十四觚之幂。割之弥细，所失弥少。割之又割，以至于不可割，则与圆合体，而无所失矣。"（如图 2-4）相当于 $S_{24} = \dfrac{C_{12}}{2} \cdot R = 6(a_{12} \cdot R)$，然后依此继续分割下去。[①]

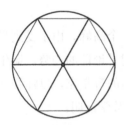  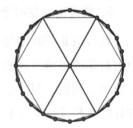

图 2-2　割圆为六觚图　　　图 2-3　割圆为十二觚图　　　图 2-4　割圆为二十四觚图

3. 宋元时期

宋元时期是中国古代传统数学发展的第三个高峰，也是中国古代传统数学发展的顶峰，涌现了杨辉、秦九韶、李冶、朱世杰等一批卓越的中国古代数学家，在高次方程的数值解、级数计算等方面取得了当时世界级的成果，表现为善于计算，具有程序化、机械化等特点。而这些成果也是主要来自《九章算术》或其相关的著作，也就是说解决问题的思维基本上是源自中国古代数学的传统。

例 2-3　由《九章算术》中的"开方术"发展到求一般高次方程的数值解的算法。

"开方术"主要是出现在《九章算术》中的"少广"章，下面以该章的第十二题到第十六题为例来说明：今有积五万五千二百二十五步。问为方几何？

---

① 李继闵.《九章算术》及其刘徽注研究. 西安：陕西人民教育出版社，1990：246-258.

答曰：二百三十五步。又有积二万五千二百八十一步。问为方几何？答曰：一百五十九步。又有积七万一千八百二十四步。问为方几何？答曰：二百六十八步。又有积五十六万四千七百五十二步、四分步之一。问为方几何？答曰：七百五十一步半。又有积三十九亿七千二百一十五万六百二十五步。问为方几何？答曰：六万三千二十五步。开方术曰：置积为实，借一算，步之，超一等，议所得，以一乘所借一算为法，而以除。除已，倍法为定法。其复除，折法而下。复置借算步之如初，以复议一乘之，所得副，以加定法，以除。以所得副从定法。复除折下如前。若开之不尽者为不可开，当以面命之。（如图 2-5）第十二题相当于求 $x^2 = 55225$ 的数值解，此后四题相当于分别求 $x^2 = 25281$，$x^2 = 71824$，$x^2 = 564752\frac{1}{4}$，$x^2 = 3972150625$ 的数值解。这五题属于同一类，然后给出这五道题的数值解的算法。

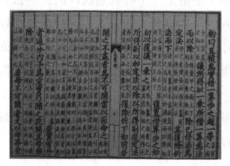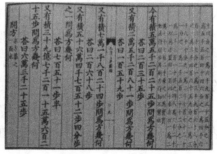

图 2-5　《九章算术》中的"开方术"

　　《九章算术》首先从这些开平方的问题来给出求二次方程的近似根及其算法，明显具有机械化的程序性特征。接着，《九章算术》中的"少广"章也给出求三次方程的近似根及其算法，也是具有这样的特征。此后，中国古代数学家以此为基础不断地对高次方程的近似解问题进行了探讨，代表性的成果有：唐代的王孝通在《缉古算经》中给出三次方程的数值解法，相当于求解方程 $x^3 + px^2 + qx = c$（p,q,c 为正的常数）的正有理根，但是没有给出其算法。1050 年左右，北宋数学家贾宪在《黄帝九章算法细草》中创造了求高次方程近似解的"增乘开方法"，被杨辉收录在《详解九章算术》（1261 年）中。南宋数学家秦九韶对贾宪的"增乘开方法"进行了改进，将其推广到高次方程的一般情形，给出"正负开方术"，完成了求一般高次方程的数值解的完整算法。这项成就在当时具有世界性的贡献。[①]

总之，中国古代传统数学以《九章算术》为形成标志，后来，中国古代数学的发展是在此基础上主要通过注释、论证和推广，从而形成了中国古代传统数学的基本框架和主要内容。其特点是思想的继承性、内容的实用性、算法的程序性、算理的蕴含性和思想方法的机械化与构造性。[②]

二、中国古代数学传统的哲学追踪

中国古代传统数学源于生活，注重实际应用，由此形成算法具有程序性、算理蕴含于算法等特点，这些都与当时中国古代哲学思潮的影响有很大的关系，特别是受到中国古代自然观的影响。中国古代自然观不仅影响中国古代数学家的行为规范、思维方式，而且也影响他们的科学思想和方法。

中国古代自然观的基本思想是：整个宇宙是一个有机系统，由此主张天人合一、天人相应，强调探究天道与人道、自然和人的关系，这样形成了以"气"说明宇宙万物的基本构成，以"阴阳"说明物质内部的对立统一，以"五行"表示万物的分类属性，它们构成了一种相互作用、相互依赖、相互制约的模拟系统。

为了说明中国古代数学传统的哲学追踪，下面主要讨论中国古代传统数学的三个高峰与当时的中国古代哲学的关系。

1. 两汉时期

两汉时期，中国古代传统数学最显著的特征是：强调实用性，由此确定"类"的思想；以计算为中心，由此确定算法；算理蕴含于算法，而没有现今意义的数学证明。这些特征可以从中国古代哲学中找到其理论依据。

（1）实用性

中国古代将自然科学看作是社会生活的一种附属、辅助之物，仅仅为社会伦理教化服务，用于解决社会实际问题，为社会秩序提供证据，而不去探索自然界的内在规律，体现了天人合一的原初思想。

数学是作为一种社会生活工具，其社会地位也不高。例如，儒家思想长

---

① 李文林. 数学史概论. 3 版. 北京：高等教育出版社，2011：302.
② 周金才. 中国传统数学的特点. 数学教育学报，1997，6（3）：97-100.

期在古代中国占据核心和主导的地位，具有代表性。儒家认为，人们应该学习"六艺"，即"礼、乐、射、御、书、数"。从中可以发现：数学作为"六艺"之一，与赶马车、射箭等技艺为同类，并且排在最末位，主要为其他服务。纵观中国古代历史，中国历朝历代都是将数学列在"六艺"最末的地位。即使隋唐时期以后，数学被列入国子学，在国子监设立"数学科"，但它也只能培养品级很低的下级官吏。因此，在这种思想的影响下，在古代中国，数学仅仅是服务于社会秩序、礼制的合理性，服务于治国安邦、平天下，数学家的社会地位不高。[①]正是在这种思想的主导下，中国古代著名的数学家刘徽曾指出：礼是社会的核心，数学又和"礼"相联系，而不是去揭示自然奥秘的钥匙。

总之，以《九章算术》为代表的中国古代传统数学的基本特征是以某些典型的数学实例为问题，然后给出答案，必要时给出"术"，这些都是旨在谋求解决社会管理中出现的某类实用问题。

（2）"类"的思想

中国古代传统文化本身含有"类"的概念，其中中国古代自然观的"五行说"明显地体现了"类"的思想，也就是以日常生活的金、木、水、火、土五种物质元素，作为构成宇宙万物及各种自然现象变化的基础。归结起来，中国古代哲学关于"类"的概念的含义："类"是事物之间异同关系的概括，而"类别""类同"或"不类"是其主要内涵，有两层含义：第一层是指相似、相异等，认为相同是类，相异也是类；第二层是作为行为动词，如类推、类比等。

墨家作为诸子百家之一，是中国古代的一个哲学学派，其学说在中国古代社会产生了重要的影响，尤其是中国古代数学。墨家学说的哲学代表著作《墨经》曾提出了关于"类"的观点，从名、辞、说的基本结构出发建立了一套逻辑规则。所谓"名"，当"名"与"实"相对应时，意思是名称或语词；当"名"与"辞""说"相对应时，含有类似词句的意义。荀子认为，"辞"是联结不同的"名"来表达完整的意义的语句，"说"就是辩说。《墨经》首

---

① 杜定久，王家敏. 中国古代自然观对数学的影响. 宝鸡文理学院学报（自然科学版），1996，16（2）：70-75.

先指出"名"的类，它把概念分为三大类，《经上》说："名：达、类、私"，"达"是最大范畴的名，"类"指某一类事物的"名"，"私"指个别的具体事物的"名"，这说明《墨经》非常清楚地把概念区分为种属关系；然后以"类"为基础而"推"，意思是从已知到未知的思维过程。

但是，中国古代哲学中的"推类"不等同于西方传统逻辑的类比推理。所谓的类比推理是单向性，从个别到个别、从特殊到特殊，依据的只是事实、同类，而"推类"具有多维和多向的含义，是一种事物现象按照另一种事物来理解的综合思维过程，既有非理性的比附、同构，更有理性的因果分析、演绎论证，在数学方面表现为算理蕴含于算法中，而没有数学证明。

因此，《九章算术》等著作中的"术"反映了当时数学受到墨家逻辑的影响或接受了墨家逻辑的观点与方法，形成了中国古代初步的逻辑思路——"推以合类"。[①]

2. 魏晋南北朝时期

魏晋南北朝时期的哲学主要围绕着有无、名教与自然、言意和形神四个问题展开，形成了所谓的魏晋玄学，其中方法论的特点是采用思辨方法，以本末体用为基本范畴进行理论上的论证。

魏晋玄学对当时中国数学家产生了重要的影响，他们继承和发展了《九章算术》为代表的中国古代数学传统，表现为：后来的数学家不断地对《九章算术》进行注释和论证，进一步发展了"推类"思想。这种思想集中地反映在赵爽的《周髀算经注》，刘徽的《九章算术注》和《海岛算经》，《孙子算经》（作者不详），夏侯阳的《夏侯阳算经》，张丘建的《张丘建算经》、甄鸾的《五曹算经》和《五经算术》，祖冲之和祖暅的《缀术》。

魏晋时期，中国古代数学在理论上有了较大发展。其中，赵爽和刘徽的工作被认为是中国古代数学理论体系的开端。赵爽的《周髀算经注》被认为在中国古代对数学定理和公式最早进行证明；刘徽的《九章算术注》，不仅对原书的方法、公式和定理进行一般的解释和推导，而且在论述过程中多有创新，特别是他所撰写的《海岛算经》，应用"重差术"解决有关测量的问题。为了便于说明，下面以刘徽为例。

---

① 刘邦凡. 论中国逻辑与中国传统数学. 自然辩证法研究，2005，21（3）：95-98.

刘徽的《九章算术注》奠定了中国古代传统数学自身逻辑思路的基本框架，也就是以"名""辞""理""类"为基本的数学推理成分，以"推""类"为主导推理范式，不仅对"名""辞""理"有深刻的论述与应用，而且对"推"与"类"更有直接而深入的分析与应用。

刘徽使用了大量的"推"字，这与墨家逻辑相一致。例如，关于圆周率，他认为圆周率的用途非常广泛。因此，他严格按图来证明、推算出更加精密的圆周率，生怕后人怀疑他所设置的新的圆周率有问题。

刘徽运用"类"的思想，其含义是种类（类别）、分类、类推、相同、有同、类同等。刘徽将墨家逻辑中"类"的思想运用到关于事物的认识，认为"类"首先是事物之间的异同关系的概括，但主要指"类别""类同"或"不类"。

刘徽在"方以类聚，物以群分"的数学分类指导下，对数学概念进行分类。例如，刘徽把数分为整数与分数，进而按照不同的分类单位又对分数进行分类。又如，刘徽把数分为正数和负数两类。再如，刘徽把图形分为直线形和曲线形两类，把全等的圆形看成一类，不全等的圆形看成另一类。

总之，以刘徽为代表的逻辑思想和墨家的逻辑思想有直接的联系，吸收魏晋思辨，在许多方面超过了墨家，可以说刘徽的数学思想是在继承墨家的逻辑思想的基础上有新的发展，创建了中国古代传统数学理论体系。

3. 宋元时期

宋元时期，中国古代哲学发展进入了一个综合的时期，是儒、释和道相融合的理学时期。此时的中国古代哲学发展有两个明显的特点：一是以儒为主，吸收佛、道思想理论而形成其思想体系，另一个是理学和经学紧密结合，通过注释、解说、议论、引用经书的形式表现。其中，辩证逻辑又有了进一步的比较大的发展，代表人物主要有沈括、张载、周敦颐等。

受中国古代哲学的影响，特别是辩证逻辑思想的影响，中国古代传统数学不仅在数学思想与数学理论上有重大的突破，而且在数学方法和数学思维上也有重要创新，表现为：在继承中国古代传统数学的"推""类"思维模式的基础上，开始向更具有演绎性的程序思维模式或机器思维模式转型。其中，秦九韶的工作是当时最杰出的代表。

秦九韶对"类"概念有着广泛的使用。秦九韶在《数书九章》中,较多地使用"类"概念,其基本含义有三种:一是"类别""类型";二是"分类""归类";三是"类推"或以"类"为"推"。这成为他进行数学演绎与归纳的最基本的思维形式。其中的原因主要是:一是深受前辈及其数学经典(尤其是刘徽及其《九章算术注》)的影响,二是中国古代逻辑中"类"与"推"的传统哲学、文化影响。

秦九韶对"推"进行了广泛的应用。《数书九章》中多次使用"推",其基本含义是"推导""推出",同时也蕴含着墨家关于"推"的逻辑思想,即由"所然"进到"未然"的过程。

秦九韶实现了"推""类"方法的程序化。秦九韶的《数书九章》中的"序",明确指出了他关于他的数学体系建构的深刻思考,对其数学论证方法与技术的使用进行了详尽考察和缜密选择,其宗旨是"归类""推"与"类"。同时,秦九韶认为,数学是"六艺"之一,历来为学者官员所重视,为求认识世界的规律而生数学;而数学有广泛用途,大可以用于认识自然、理解人生,小则可以经营事务、分类万物。

总之,宋元时期以秦九韶为代表的逻辑思路直接继承了刘徽的思想,并且受"推""类"思维模式的影响发展了更具演绎性的程序思维模式。

第三节　西方哲学与西方数学

现代数学主要是建立在近代西方数学的基础上,而近代西方数学的兴起源于古希腊。西方数学同西方哲学相伴而生,在一定阶段,西方数学就是西方哲学的一部分。因此,可以说,西方数学受西方哲学的影响构建了自己独立的思想体系,并在长期的发展中形成了同西方哲学相匹配的、具有演绎化倾向的西方数学。当然,在近代西方数学的兴起阶段,其曾具有明显的算法倾向的特征,但总体上并没有脱离演绎化倾向的大格局。

一、西方数学概述

西方数学最早可追溯到古希腊,古希腊数学经过阿拉伯人的保存、翻译和发展，后来经过欧洲文艺复兴，古希腊数学著作又被翻译为拉丁文，由此，欧洲近代数学在此基础上开始兴起。一般地，西方数学主要经历三个阶段：古希腊时期、欧洲近代时期和现代数学时期。

1. 古希腊时期

约公元前 6 世纪开始，古希腊数学家主要将古埃及与古巴比伦地区积累的经验数学，通过几何规则逐渐地改造为系统的论证数学。泰勒斯和毕达哥拉斯被认为是论证数学的鼻祖，后经过柏拉图、亚里士多德等人的发展，这些论证思想和架构最终由欧几里得完成了数学著作《原本》。《原本》成为第一部演绎数学的经典，对西方数学的发展产生了深刻的影响。

《原本》共有 13 卷，包括 5 条公理、5 条公设、119 个定义和 465 条命题，构成了历史上第一个数学公理体系，也就是以逻辑的演绎推理为基础，以命题的形式来探讨各种几何问题。这可以从《原本》的目录中得到反映：第 1 卷：定义、公设、公理，命题；第 2 卷：定义，命题；第 3 卷：定义，命题；第 4 卷：定义，命题……其范例是先给出定义，然后给出命题，并根据逻辑规则，依据定义、公设、公理给出证明过程。这个范例成为西方数学的典范，由逻辑决定的"言必有据"，并且一直延续到现在。

例 2-4 《原本》第 1 卷中的命题 1：在一个已知有限直线上构造一个等边三角形。

设 AB 是已知有限直线，那么要求以线段 AB 为边构作一个等边三角形（如图 2-6）。

以 A 为圆心，且以 AB 为距离画圆 BCD；[公设 3]

再以 B 为圆心，且以 BA 为距离画圆 ACE；[公设 3]

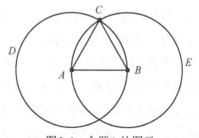

图2-6 命题1的图示

由两圆的交点 C 到 A, B 连线 CA, CB。[公设 1]

因为点 A 是圆 CDB 的圆心，AC 等于 AB。[定义 15]

已经证明了 CA 等于 AB；所以线段 CA, CB 都等于 AB，而且等于同量的量彼此相等。[公理 1]

三条线段 CA, AB, BC 彼此相等。

所以，三角形 ABC 是等边的，即在已知有限直线 AB 上构造出了这个三角形。

这就是所要求作的等边三角形。①

欧几里得的《原本》是数学史上的第一座理论丰碑，在数学中确立了演绎范式，要求所有命题必须是在它之前已建立的一些命题的逻辑结论，而所有这样的推理链的共同出发点，是一些基本定义和被认为是"不证自明"的基本原理——公设或公理。这种范式形成了具有演绎倾向的西方数学传统。

2. 欧洲近代时期

欧洲文艺复兴运动在数学领域首先是从代数学开始，从而拉开近代数学兴起的序幕，主要内容包括三、四次方程的求解与符号代数的引入，其代表人物有卡尔达诺（Cardano）、笛卡儿、韦达（Vieta）等；随后，在解析几何学、微积分等数学分支有新的突破、创建和发展，其代表的人物包括笛卡儿、费马、牛顿、莱布尼茨、欧拉、伯努利兄弟、拉格朗日、拉普拉斯、勒让德（Legendre）等，形成了主要以解析几何和微积分为标志的、算法为中心的近代主流数学。

解析几何学以笛卡儿和费马的工作为标志，其基本思想是用代数方法来解决几何问题，这种方法具有统一性，与欧几里得的《原本》的演绎方法大相径庭，具有彻底的算法精神。笛卡儿在《几何学》中阐述他的几何学思想。笛卡儿认为，全部几何问题可以先画出图形，并将其归纳为一定的直线段的长度。而这些直线段的长度又可以通过算术运算而得到。由此，可以通过定义单位线段而进行线段的乘、除和开方运算。这样，笛卡儿将几何学归结为算术运算，从而解决了欧氏几何中不同的几何问题采用不同的特殊技巧才能证明的难题，使之变成了一种可以按确定的法则与程序进行机械算术的过程。②

微积分以牛顿和莱布尼茨的工作为标志，其基本思想是：建立了微分与积分之间的互逆关系，寻找到能够解决一系列实际问题的普遍适用的算法。

---

① 欧几里得. 几何原本. 兰纪正，朱恩宽，译. 西安：陕西科学技术出版社，2003：3-4.

② 李文林. 数学的进化——东西方数学史比较研究. 北京：科学出版社，2005：1-12.

总之，这个时期，西方数学呈现出一种明显的算法倾向特征。但是演绎倾向仍然占据重要地位，在这种思想的影响下，数学家不得不面对诸如"无穷小"等问题的思考，试图构建微积分学的逻辑基础。

3. 现代数学时期

从 19 世纪后期到 20 世纪初，数学出现了一系列革命性的变化，促使数学发展到现代数学，其主要的数学成就如下：

（1）集合论的创立

数学分析的严格化，要求实数建立在牢固的基础上，从而引出集合论。康托（Cantor）创立的集合论大大扩展了数学的领域，使数学不再局限于研究数与形，而是一般的元素。另外，康托创立的集合论最早提供了非构造性的存在性证明方法，这引起了数学家的争论，特别是罗素提出集合论悖论，推动了 20 世纪数理逻辑的发展。

（2）新的公理化方法的形成

两千多年来，欧几里得的几何学被人们看成是公理化的典范。但是，欧几里得的几何学却有其明显的缺点，即欧氏几何学是建立在现实背景的基础上，例如点、线、面等概念的定义是直接来自现实背景。直到 19 世纪，由欧几里得几何学的"平行公设"出发而提出了新的几何学，即所谓的非欧几何学，这是突破欧氏几何学的思维习惯而建立起来的。随后，非欧几何学又发展到黎曼几何学。此时已出现了多种几何学，这又促使数学家们思考这些几何学之间的关系。其中，希尔伯特提出了新的公理化方法，不仅解决了多种几何学之间的关系，而且发展了新的公理化理论，提出了相容性、完备性和独立性原则，从而为现代数学的各分支建立了现代公理化体系；同时，新的公理化方法为其他学科的发展提供了新的数学思想方法。

（3）多种抽象结构的出现

19 世纪的数学发生了新的变化，即由各种数学的具体问题抽象出许多概念，再由这些抽象出的概念而得出更基本的数学结构，由此数学出现了多种抽象结构。例如，19 世纪，通过代数学方程的研究而出现了置换群的概念，随后，几何学又出现了运动群和变换群的概念。1872 年，《爱尔兰根纲领》用变换群的观点来统一几何学。不久，这些具体的群的观点也进入了函数论，从而定义了更一般的抽象群概念。由此，开创了一门新的数学分支——抽象群。[①]

以上这些主要的数学成就使数学面貌发生了革命性的变化，主要体现在：

第一，近代数学中的几个相对独立的分支——数论、代数、几何、分析的原始面貌发生了根本性的改观。以前代数学的主要课题是方程论，后来发展出伽罗瓦（Galois）理论、线性代数等。到了现代，出现了群论、环论、域论、同调代数等，创立了拓扑学、数理逻辑、泛函分析、测度与积分理论、随机过程论等现代数学的新分支。也就说，现代数学的研究范围大大拓宽了，发展出一系列新的分支学科。

第二，数学结构成为统一数学的基础。数学不再停留在具体实际背景的对象之上，而是进一步分析、抽象，形成它们的基本结构。归结起来，这些基本结构大致分为三大类：代数结构、拓扑结构和序结构。这些基本结构相互作用，又进一步产生了各种更为复杂的结构，使得数学研究的内容丰富多彩。

第三，现代数学是按照数学的内在规律发展起来的，但其应用更加广泛。从表面上看，它越来越脱离物理学、天文学等学科，越来越抽象，甚至数学的许多分支都互不相关。但是，数学先产生出的抽象概念，经过一段时期之后，在其他科学中又得到应用。例如，黎曼几何应用于广义相对论，群论应用于量子力学和规范场理论等。

现代数学的革命性发展决定了不同于以往数学的特点，主要有以下 5 点。

第一，整个数学更加抽象和统一。

所谓抽象和统一，就是把不同对象中共同的、本质的东西抽象出来，作为高一层次的对象加以研究，从而就把原来许多不同的对象统一起来，求得共同的本质的规律。现代数学无论是其研究对象，还是其研究内容和研究方法，都表现出高度的抽象性和统一性的特点。

例 2-5 代数学发展的特点。

代数学起源于数，从数的形成到算术经历几千年后，进入了以解一次、二次方程为主的小代数，这也有近千年，16 世纪到 19 世纪，又发展成为以方程论为中心的大代数，19 世纪到 20 世纪，进一步发展为研究矩阵、置换群、数域等具体代数结构的高等代数，20 世纪 20 年代开始发展为用统一的观点，

---

① 胡作玄. 现代数学的发展与数学哲学. 国内哲学动态，1985，（2）：22-25.

从公理化思想来研究各种代数系统（如群、环、域、线性空间等）的抽象代数，20 世纪 40 年代，又出现了以一般代数系统为研究对象的泛代数。总之，代数学科的发展体现其逐步抽象和统一的过程。

例 2-6　分析学发展的特点。

分析学源于微积分。17 世纪，牛顿和莱布尼茨分别独立地创立了微积分，随后，人们长期研究的都是一维、二维和三维欧氏空间的微积分。后来，三维现实空间与时间变量一起形成了四维时空概念。受此启发，多个参数、多个变量的问题出现了，需要研究更高维数，从而推动一般的 n 维欧氏空间的研究。1900 年前后，在一般的 n 维欧氏空间的基础上又提出了无限维空间，即希尔伯特空间。豪斯多夫（Hausdorff）又提出拓扑空间，并在拓扑空间讨论极限、连续等数学概念。总之，分析学的发展充分体现了其不断抽象和统一的过程。

第二，公理化体系更加完备和严密。

欧几里得的《原本》已经建立了严密的公理化理论体系，但是不够完善。直到 1899 年，希尔伯特出版了《几何基础》，才对《原本》不够完善的公理化体系进行改造，使几何真正建立在严密的公理化基础上，并由此倡导现代公理化方法。这种思想成为其他现代数学分支的严密化的楷模，数学家们纷纷试图在各个数学分支建立起其公理化体系。

例 2-7　布尔巴基学派与数学结构化。

20 世纪 30 年代中期，法国数学家团体组成了著名的布尔巴基学派。该学派以康托的集合论为出发点，系统运用了希尔伯特的公理化思想方法，提出了用结构的观点来统观数学。他们用全局观点来分析和比较了各个数学分支的公理体系结构，并按照结构的不同和内在联系对数学加以分类和重建，力图将整个数学大厦组建成一个渊源统一、脉络清晰、枝繁叶茂、井然有序的理论体系。由此，他们认为"数学，至少纯粹数学是研究抽象结构的理论"。

第三，数学的不同分支不断融合。

20 世纪 60 年代以来，现代数学又出现了许多新的数学分支，如非标准分析、突变论、模糊数学、运筹学、计算数学等。这是现代数学的不同分支相互渗透、相互关联的结果。

　　例如，研究有限量离散数学与研究无限连续性数学的结合，诞生了解析数论、代数拓扑。解析数论是把研究连续的分析方法应用于解决离散的正整数问题，而数值积分的数论方法则恰好相反。数学的发展证明，离散数学和连续数学是互相关联、互相促进的，它们之间的界限不再那么分明。

　　又如，研究确定现象的数学与研究随机现象的数学结合，诞生了随机积分、随机微积分方程、随机泛函分析、随机微分几何等数学分支。

　　第四，数学与电子计算机的联系更加密切。

　　电子计算机的出现是 20 世纪人类科学的最大成就之一。电子计算机影响和促进现代数学的发展，从而改变了数学本身的特点和面貌。其理由是：一方面，计算机强大的计算能力有力地助推数学的发展，极大地扩展了数学的应用范围，也改变了人们对数学问题求解的观念。例如，数学家们开始承认借助于计算机解决"四色定理"的证明。另一方面，计算机给数学理论研究提出了一系列新的课题，如符号计算、程序化、机器证明、人工智能等。这些新课题的研究将扩大计算机的功能，从而使人脑更主要集中于思维与方法，计算机给数学的理论研究也提供了新方法。

　　第五，向其他科学的渗透更加深入。

　　现代数学已成为现代科学技术发展的强大动力，其高度的抽象化、内容和方法日趋统一，决定了数学具有广泛的应用性，由此，纯数学与应用数学之间没有明确的界限。俄国数学家罗巴切夫斯基（Lobachevsky）曾这样评价数学与应用数学的关系：任何一门数学分支，不管它如何抽象，总有一天会在现实世界的现象中找到应用。后来的数学发展充分地证明了这一个观点，如爱因斯坦的广义相对论，是以黎曼几何学作为数学模型而建立起来的现代物理学；现代数学渗透到经济学，运用数学方法成功地进行定量决策；数学渗透到考古学、语言学、心理学等领域，并由此产生了一些新的分支学科。[①]

二、西方数学的哲学追踪

　　西方数学的发展与其哲学的关系一直都比较密切，从古希腊开始，到近代和现代，西方数学的发展都能够追寻到其哲学的踪迹。

---

　　① 杜珣，孙小礼. 现代数学的特点和意义. 工科数学，1992，18（2）：1-11.

1. 古希腊哲学与其数学的演绎倾向

（1）古希腊哲学家对数学的影响

古希腊哲学家毕达哥拉斯的哲学思想对古希腊数学的发展产生了深远的影响。毕达哥拉斯及其学派主张世界存在本原，认为"数"就是世界的本原，由此提出了"万物皆数"的哲学主张，这大大激发了数学家们对"数"的研究热情，其研究成果非常丰富，受到人们的重视，并得到社会的尊重，由此也确定了古希腊朝着论证数学的方向发展。

柏拉图是古希腊另一位伟大的哲学家、教育家，其哲学思想进一步促进了古希腊论证数学的发展。柏拉图创办了柏拉图学园，该学园办学宗旨是：培养具有哲学头脑的优秀人才，直至造就出一个"哲学王"来。虽然柏拉图不是数学家，但是他强调数学在哲学中起重要作用，认为：数学是一个人素质的基础，只有学好了数学，才能去学习其他课程，由此，他确立了以数学为主课的教育方针。他曾多次强调，数学具有培养思维能力、增进才智的重要作用。柏拉图继承了毕达哥拉斯学派的思想，倡导逻辑演绎结构，使数学中的演绎化倾向有了实质性的发展。可以说，柏拉图在创建柏拉图学园的基础上，为了哲学自身的需要而重视数学，明确了演绎论证的基本结构，从而基本确立了古希腊论证数学的核心思想。

亚里士多德也是古希腊伟大的哲学家、数学家、逻辑学家，他是柏拉图的门生和同事。亚里士多德首次将"对立"和"矛盾"纳入哲学的范畴，并系统地进行分析和阐述。同苏格拉底、柏拉图在认识论方面相同，亚里士多德认为，要为科学知识的存在寻找哲学上的根据，这个根据是事物普遍性的存在，并提出根据事物普遍性可以论证认识论的普遍性。由此，这些哲学思想反映到数学领域，将柏拉图的演绎化思想作出了极大的发展和完善，主要体现在：创立了逻辑学，给出了矛盾律（一个命题不能同时是真的又是假的）和排中律（一个命题或真或假，二者必居其一），将数学推理规律进行规范化和系统化，提出了所谓的"三段论"（大前提，小前提和结论）；对数学的"定义"进行了详细的讨论，指出"定义"需要有未加定义的名词；研究了作为数学推理的出发点的基本原理，将它们区分为公理（公理是一切科学公有的真理）和公设（公设是为某一门科学所接受的第一性原理）。

欧几里得是古希腊论证数学的集大成者。他继承了前人创立的演绎化思想理论，将其成功地应用于数学，成就了他的不朽的经典数学著作《原本》。实际上，欧几里得的《原本》在很大程度上是对前人著述的汇编，但他的伟大创新之处在于：将数学命题建立在演绎论证的基础上。可以说，欧几里得的《原本》在当时古希腊也是水到渠成的必然结果。

（2）古希腊哲学与《原本》

《原本》是古希腊数学的最大成就之一，其功劳最终属于古希腊哲学。《原本》的最显著特点是通过公理化思想建立关于点、线、面、体及其之间的命题，而没有提到有关点、线、面、体的度量问题，也就是其研究对象仅限于不带有刻度的直尺和圆规构造的图形，简称"尺规作图"。由此，人们不禁提出疑问：为什么《原本》只讨论直尺和圆规所构造的图形的性质而不涉及这些图形的具体度量问题呢？实际上，在古希腊时期，数学从属于哲学，因此，数学的发展背后有着深刻的古希腊哲学思想的影响，使古希腊数学朝着演绎论证的方向发展。

古希腊早期，在泰勒斯和毕达哥拉斯的倡导和影响下，论证数学开始走上历史舞台，基本改变了原来经验数学的面貌。泰勒斯被誉为西方哲学第一人，西方哲学的开端人物，曾提出"水作为万物之本原"的哲学理念，倡导理性论证，开创了论证数学。毕达哥拉斯在泰勒斯的基础上提出了"万物皆数"的哲学信念。由此，他通过研究数学来达到支持其哲学信念的目的。这一哲学信念推动了当时古希腊论证数学的进一步发展。

但是，让毕达哥拉斯万万没有想到的是：数学的进一步研究，不经意间推翻了其主张的哲学信条——"万物皆数"，引起毕达哥拉斯学派的恐慌，也就是数学史上所称的"第一次数学危机"。为了解决该数学危机，当时数学家存在着两种截然不同的态度：一种是正视并且力图改造"不可公度量"，另一种是回避"不可公度量"。由此，古希腊哲学家围绕"不可公度量"而展开对时空观的争论，也形成了两类截然不同的哲学主张：第一类是认为一个量可以无限分割，也就是承认运动、无限和连续等；第二类是认为一个量是由许多不能再分的单元组成，也就是承认静止、有限和离散。

为此，古希腊哲学家芝诺（Zeno）对这两种哲学主张都提出了异议：针对第一类观点，他提出了"线段二分悖论"和"阿基里斯悖论"，由此反驳第一类观点。针对第二类观点，他提出了"飞箭不动悖论"和"运动场悖论"，由此说明第二类观点也是不正确的。也就是说，芝诺指出上述两种时空观都站不住脚，都存在着反例，史称"芝诺悖论"。芝诺悖论和不可公度量问题也因此成为古希腊数学追求逻辑精确性的强有力的动力，极大地推动了古希腊哲学和论证数学的发展，促成柏拉图学园倡导逻辑演绎结构，以及诡辩学派倡导"尺规作图"，认为直线和圆是最完美的平面图形，直尺是直线的化身，圆规是圆的化身。由此，古希腊数学家将数学转向不涉及度量的一门学问，即所谓的论证数学。

2. 近代西方哲学与其数学的算法倾向

近代西方哲学主要源于古希腊哲学，其发展主要经历了两个时期：文艺复兴时期和思想启蒙运动时期，对近代西方数学发展的影响逐渐显现，表现为：文艺复兴时期，源于古希腊、印度、阿拉伯等地区的近代西方数学既继承古希腊数学的演绎倾向，也继承阿拉伯等经验数学的算法倾向；到了思想启蒙时期，近代西方数学除了保持演绎倾向的特点外，其算法倾向的特点成为当时发展主流。这种转向的原因很多，在哲学层面上则主要受近代西方哲学的影响，特别是受到自然哲学的影响比较大，倡导数学来源于现实问题，并用于解决实际问题。

（1）文艺复兴时期

由于古希腊文明的影响，近代西方哲学家在批判性地继承古希腊哲学的基础上提出了一些新的观点，主张经验观察的方法，反对经院哲学的推演方法，人们研究的视野转向现实世界，其代表人物有布鲁诺、弗朗西斯·培根、笛卡儿等。

在布鲁诺、弗朗西斯·培根和笛卡儿等人的倡导下，科学家由对宗教的崇拜和解读转向关注现实世界，经验观察法成为近代科学的主要研究方法，从而促进了近代科学（包括数学）极大的发展。布鲁诺认为，认识自然的最大秘密是研究和观察矛盾和对立面的最大点和最小点，深奥的法术首先是能够找出结合点，然后再引向对立面。英国哲学家弗朗西斯·培根提出了著名的"知识就是力量"的口号，这一口号反映了当时人们认识自然、解释自然的强烈愿望，非常明确地说出了知识的现实功用，认为：科学的、真正的、合法的目标就是把新的发现和新的力量惠赠给人类生活。

笛卡儿主要是思索寻求真理的途径。他认为，在寻求真理的各种方法中，数学方法最为可靠；在数学中，代数方法最可靠；对于代数问题，要把它化为方程求解，通过计算得到的解答，才最为可靠。他探求真理的模式如图2-7。

图 2-7　笛卡儿的探求真理模式图

笛卡儿认为，正是通过计算，求出方程的解答，再还原到实际问题中去，才能为实际问题提供可靠的解决方案。由此，作为他探求真理的模式的例证，在他的著作《方法论》正文之后，笛卡儿列有附录：《气象学》《几何学》等。在《几何学》中，他以古希腊帕普斯（Pappus）的著作《数学汇编》中的一个"四线问题"为例，说明如何利用坐标方法，将几何问题化为代数问题，从而给出了解析几何的基本思想和方法——坐标方法，这使他成为解析几何的发明人之一。

总之，文艺复兴时期，受近代西方哲学思想的影响，在继承和发扬古希腊、印度、阿拉伯等数学的基础上，近代西方数学既主要表现出演绎倾向，又开始表现出算法倾向。

（2）思想启蒙运动时期

后来，欧洲大陆掀起了一场反封建的思想解放运动，史称思想启蒙运动。这场思想启蒙运动全面地渗透到各类知识领域，如自然科学、哲学、伦理学等。受思想启蒙运动的影响，数学为生产的实际需要服务，要解决现实问题，其代表性人物有牛顿、莱布尼茨等。

莱布尼茨作为微积分的创立者之一，他的数学工作与其哲学思想之间有着密切的关系，主要反映在他的"普遍文字"的数理哲学之中。莱布尼茨在其著作《论组合术》中阐明了他的数学哲学观，大致可以概括以下三点：第一，数学的研究对象是一种观念性的可能的存在；第二，数学知识是完全由矛盾律所决定的必然真理；第三，这种完全由矛盾律所决定的数学真理又能有效地应用于物理世界。在这样的数学哲学观指导下，莱布尼茨努力寻求一种适合于一切知识的"普遍的数理方法"，希望使所有推理都简化为一种计算。同时，他认为这种一般方法会成为一种通用的语言或文字，其中的符号、词汇可以指导推理。因此，莱布尼茨的微积分工作表现出他所谓的基于"同一性原理"（"普遍文字"方法论哲学）的逻辑演绎的倾向，也就是从 $A=A$ 这样显然的原始命题出发，用差分方法推导出微积分；尽可能采用代数方法，大量引入便捷的符号，自由应用级数方法。因此，不同于牛顿依赖物理学，莱布尼茨更关心的是用运算公式创造出广泛意义下的微积分。[①]

牛顿的哲学思想受弗朗西斯·培根和伽利略的影响非常大。英国皇家学会是以培根的哲学为指导思想，该学会的宗旨是研究一切有用的自然科学和技术。牛顿成为英国皇家学会会员，其哲学思想无疑也受到培根哲学的影响。例如，培根曾有一个观点：一切比较真实的对于自然界的解释，是由适当的例证和实验得到的。而牛顿也说过与此观点相类似的观点：物体的属性只有通过实验才能为我们所了解。伽利略重视观察和实验，这也被牛顿直接继承，牛顿成功地用数学公式简洁地表达自然规律。可以说，牛顿所处的正是"知识就是力量"的时代，利用科学技术发展生产，用实际行动完成自然科学的伟大发现。例如，微积分的创立，是建立在前人对具体问题研究的基础上的，揭示了微分与积分的互逆关系，将解决无穷小问题的各种特殊技巧统一成为一个整体。[②]

总之，受思想启蒙运动的影响，近代西方数学发展了算法倾向的特点，但同时，仍保持演绎倾向的特点。

3. 现代数学哲学及其数学发展倾向

到了现代，哲学与数学的联系更加紧密，其直接的结果是诞生了一门哲学与数学交叉的学科——数学哲学。罗素发现了集合论的一个悖论——罗素悖论，这强烈地引起了数学家们的恐慌，史称"第三次数学危机"。为了解决"第三次数学危机"，数学家们开始思考数学的基础问题，在此基础上，诞生了数学哲学这门新的学科。由此，形成了三种关于数学的认识和数学哲学观：一是以罗素为代表的逻辑主义的数学哲学观，二是以布劳威尔为代表的直觉主义的数学哲学观，三是以希尔伯特为代表的形式主义数学哲学观。这三种

———————————

① 蒙虎. 关于莱布尼茨微积分的哲学背景. 首都师范大学学报（自然科学版），2004，25（1）：15-20.

② 孙小礼. 数学·科学·哲学. 北京：光明日报出版社，1988：143-147.

数学哲学观都表现出数学演绎化倾向，并且这种演绎方法的运用远远超出了几何学领域而扩展到其他分支，如分析的严格化、抽象代数等。

（1）逻辑主义数学哲学观

逻辑主义最初可追溯到莱布尼茨，他提出一种通用的形式语言，即数学逻辑化，这为后来的数学家提供了思维导向。以弗雷格（Frege）和罗素为代表的数学家对数学逻辑化思想做了一些系统化的工作，形成了有影响的逻辑主义哲学观，其基本观点是：数学可以化归为逻辑，认为逻辑是数学的基础，数学是逻辑的一部分。也就是说，所有的数学真理都可被翻译为逻辑真理，即数学词汇构成了逻辑的某个恰当子集。而所有数学证明可以重塑为逻辑证明，即数学定理构成了逻辑定理的某个子集。也就是首先提出一些逻辑的公理，由此推出定理，它们可以用于以后的推理。

在逻辑主义思想指导下，罗素在20世纪初曾对数学下了一个定义，认为纯粹数学完全由这样的一类论断组成，假定某个命题对某些事物成立，则可推出另外某个命题对同样这些事物也成立。对于第一个命题是否确实成立，这是无关紧要的，同样其他一些命题是否成立，也是无关紧要的。纯粹数学关注的是一般的事物，而不是某些特殊的事物。由此可以看出，罗素所主张的逻辑主义数学观，强调纯粹数学不是关注内容本身及其内容是否正确，仅在意其逻辑的合理性。

（2）直觉主义数学哲学观

直觉主义数学哲学观最早由荷兰数学家布劳威尔提出，并加以系统化，其基本思想是：数学是人类心灵的构造物，数学所陈述的真理只能通过心灵构造而得到证实。布劳威尔将直觉主义的基本任务总结为：数学与数学语言完全不同，因而从理论逻辑所描述的语言现象来看，直觉主义数学从根本上来说是心灵的无语言行为，而心灵具有对时间移动的感知能力。这种对时间移动的感知可以被描述为一个生命时刻分为两种不同的事物，彼此为对方让路，但会留存在记忆中。

布劳威尔的哲学观认为，基本的直观是按时间顺序出现的感觉。由此来理解数学，也就是说当时间进程所造成的二重性的本体，从所有的特殊表现中抽象出来的时候，就产生了数学。所有这些二重性的共同内容所留下来的空间形式（n到$n+1$的关系）就变成数学的原始直观，并且由无限反复而造成新的数学对象。

布劳威尔把数学思维理解为一种构造性的程序，它所建造的世界与我们经验的世界无关，有点像是自由设计，只受到以基本数学直观为基础的限制。他认为：数学的基础只可能建立在这个构造性的程序上，它必须细心地注意有哪些论点是直观所容许的，哪些不是。数学概念嵌进我们的头脑是先于语言、逻辑和经验的。决定概念的正确性和可接受性的是直观。

（3）形式主义数学哲学观

希尔伯特提出了形式主义数学哲学观，其基本思想是：一方面，尽量地保留经典数学中的基本概念；另一方面，为了保证所有数学证明的可靠性及整个数学大厦的纯洁性，将数学分为"真实数学"和"理想数学"两大类。凡是涉及有限概念和有限集合的数学称为真实数学，而涉及无限概念和运用超穷的思想方法构造的数学系统称为理想数学。通过有限步骤的构造性方法，在元数学中实现理想数学的协调性和完全性。

希尔伯特认为，数学本身就是一堆形式系统，各自建立自己的逻辑；各有自己的概念，自己的公理，自己的推导定理的法则，以及自己的定理，把这些演绎系统的每一个都开展起来，就是数学的任务。

上述关于数学哲学基础的三大学派，在 20 世纪前 30 年间非常活跃，相互争论非常激烈，但是这三大学派都未能对数学基础问题作出令人满意的解答。令人振奋的是：三大学派的这些研究极大地推动了数学家关于数学基础的深刻认识，深刻地影响了现代数学的发展。到了 20 世纪 30 年代，哥德尔不完全性定理促使这三大学派的争论渐趋淡化，数学家们更多地关注数理逻辑的具体研究，并将这三大学派的结果都纳入数理逻辑研究的范畴，推动了数理逻辑的形成与发展。

现代数学的哲学认识除了上述三大观点外，还提出了数学的模式论。这是受到柏拉图主义的哲学观念的影响，其代表有怀特海（Whitehead）、希尔伯特、哥德尔、布尔巴基学派等。怀特海在美国哈佛大学作演讲，提出了"数学是研究模式的科学"观点。所谓"模式"，就是反映事物关系结构的理想化的形式模型，它是经历科学抽象过程的概念思维的产物。而模式一经形成，便具有形式客观性，人们就只能对它进行客观的分析和研究，因而按逻辑规则推导出来的一切结论，也就具有"模式真理性"。

第四节 方法论、辩证法与数学

哲学与数学的关系紧密，这还可以具体到方法论和辩证法。如何认识世界，这是属于方法论范畴的哲学问题。在数学研究中，也存在方法论问题。不同于哲学，数学研究中的方法是具体的，是人们可以掌握的、可以操作的和易于理解的。所以，哲学家经常利用数学方法来说明他的哲学观点和主张。同时，辩证法也与数学相互交织在一起，用各自的方式来反映客观世界规律。另外，有些哲学命题可以利用数学语言来表述，消除哲学命题的自然语言表述的歧义问题。

一、方法论中的数学

方法论是关于人们认识世界、改造世界的方法理论，也就是人们用什么样的方式、方法来观察事物和处理问题，它是一种以解决问题为目标的理论体系或系统。一般地，有什么样的世界观就有什么样的方法论。下面举历史上的一些著名的哲学方法论对于数学的影响。

1. 亚里士多德的《工具论》

亚里士多德对古希腊数学的贡献主要是发展了柏拉图的演绎论证的思想，创立逻辑学。这些思想主要体现在他的《范畴》《解释》《前分析》《后分析》等哲学著作中，后人将其整理并命名为《工具论》。

《工具论》主要面对的问题是如何正确地辩论，以作为达到目的的手段。亚里士多德认为，真理的知识就是被"证明"了的知识。这样，以追求真理为己任的哲学就与"证明""三段论"结下了不解之缘，"哲学"也就成了以研究"推理"为主的学问。由此，亚里士多德《工具论》的意义，在于开创和确定了一种科学性的思想方式，即人们通过何种过程或途径来达到"真理"。

何谓"三段论"？就是指由三个命题组成，前两个命题是前提，后一个命题是结论。命题是构成三段论的基本要素。例如，因为作家都是知识分子，莫言是作家，所以莫言是知识分子。这里前两个命题："作家都是知识分子"是大前提，"莫言是作家"是小前提，后一个命题"莫言是知识分子"是结论。"三段论"被后来的欧几里得运用到《原本》中，成为几何证明的经典。

例2-8　用"三段论"证明命题："两条直线相互平行"。

因为同位角相等，两条直线相互平行（命题1）；又有两个同位角相等（命题2），即$\angle 1 = \angle 2$；所以两条直线l_1与l_2平行（命题3，如图2-8）。这里的前两个命题："同位角相等，两直线相互平行"是大前提，"两个同位角相等，即$\angle 1 = \angle 2$"是小前提，后一个命题"两条直线l_1与l_2平行"作为结论。

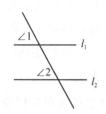

图2-8　"三段论"证明两条直线平行

"三段论"是亚里士多德关于逻辑的核心内容，从概念、判断出发，进而是"推论"，这是作为一个建立科学理论知识的"工具"，其作用有两点：一是"推理"，根据前提而推出结论；二是论证，探求一个论题的理由。也就是说，三段论的目的不在于知其然，而在于知其所以然。经过三段论论证了的知识，才是可信的、可靠的真理。①欧几里得将亚里士多德的《工具论》思想具体地运用到几何命题的证明，编著成《原本》，由此，《原本》标志着论证数学的形成，并成为此后数学学习的经典著作。《原本》的教育意义在于：《原本》不是教人获取知识，而是教人对已获得的知识加以检验和论证，使之成为可靠的、确定无疑的真理。

2. 培根的《新工具论》

培根的《新工具论》与亚里士多德的《工具论》相对，其目的不仅在于更正了中古经院哲学家对亚里士多德哲学的曲解，而且更重要的是建立了新的方法和科学体系，使哲学和自然科学相结合，使理性与经验相结合。

培根特别指出：三段论只能强求人同意一个命题，而不能把握事物，这是妨碍科学进步的原因之一。他认为，逻辑应该是发现的逻辑，只有通过科学实验，用理性方法去整理感性材料，这样才能有科学发现。

培根的方法论的实质是实践和归纳，用归纳逻辑代替亚里士多德的演绎逻辑，数学在这一哲学思想的感召下主要用于解决实际问题。例如，开普勒利用其老师第谷长期观察的天文资料，运用数学方法探求行星的运动规律，

---

① 叶秀山. 亚里士多德的工具论. 社会科学战线，1998，（3）：80-98.

经过反复试验和多次失败后，终于发现了行星运动的三大定律：

（1）行星在以太阳为一个焦点的椭圆形轨道上绕太阳运动。

（2）连接行星与太阳的向径，在相等的时间间隔内扫过的面积相等。

（3）一个行星在其轨道上的运动周期的平方与该轨道的半长轴的立方的比是一个常量。[①]

3. 牛顿的《自然哲学之数学原理》

牛顿的哲学思想是对培根有关实验和归纳的哲学方法传统的继承，这集中体现在其巨著《自然哲学之数学原理》中，其基本思想方法是：首先，开创性地运用分析的方法来探索自然的规律，也就是说，探索自然事物的方法是从现象或从实验出发，推导出某个命题，然后通过归纳法得出普遍的结论。其次，运用综合的方法，把分析得到的普遍结论确立为原理，根据这些原理去解释以它们为原因所发生的各种现象，并且证明这种解释的正确性。由此可以看出，牛顿提出用数学来证明和解释所探索的自然规律，并进一步探讨有关各种哲学问题，也就是说，用数学来论证其哲学观点。例如，牛顿在《自然哲学之数学原理》中明确提出了4条科学研究法则或哲学主张：

（1）在探求自然事物的原因时，除了那些真的和解释现象必不可少的知识以外，不应增加其他原因。

（2）对于自然界中同一类结果，必须尽可能归之于同一种原因。

（3）物体的属性，凡不能增强也不能减弱者，又为我们实验所能及的范围内的所有物体所具有者，应视为一切物体的普遍属性。

（4）在实验哲学中，从现象中运用归纳推导出来的命题，应该看作是正确的或接近于正确的；虽然可以想象出与它相反的假说，但是没有发现其他现象足以修正它，或出现例外以前，仍然应当视为正确。[②]

4. 莱布尼茨

莱布尼茨独立地创建了微积分学，并且率先将数学符号运用于微积分，这些都离不开他的哲学思想的影响。同时，莱布尼茨也是主张用数学来论证

---

① 袁小明，胡炳生，周焕山. 数学思想发展简史. 北京：高等教育出版社，1992：202-204.

② 孙小礼. 数学·科学·哲学. 北京：光明日报出版社，1988：143-148.

其哲学观点。

莱布尼茨认为,对真理的认识来自感觉和经验,依靠归纳和例证来进行论证。他把真理分成两类:一类是理性真理或必然性真理,如数学和逻辑学中的命题;另一类是事实真理或自然性真理,如物理学中的定理。

在这种哲学思想的影响下,莱布尼茨对数学和逻辑学特别感兴趣。他认为,过去的形式逻辑只是证明的手段,而逻辑学应该成为发现的艺术,他试图创立一种新的逻辑理论,或能够掌握人的思维本质的一般方法。他认为,数学的应用之所以有效,其发展之所以如此迅速,就是因为数学使用了特制的符号语言。他希望能建立一种更为普遍的符号语言,用来表达思想和进行推理。用一个符号表示一个概念,并用符号来表示思维的演算,从而思维的推理过程便可用符号的演算程序来代替。正是在这样的思想指引下,他把数学和逻辑结合起来,并做了大量的探索性的具体研究工作,其结果促成数学逻辑这门学科的建立,并制作了一部计算机。可以说,莱布尼茨是数理逻辑的真正奠基人,现代数理逻辑和人工智能的研究工作基本上是沿着莱布尼茨所预想的前景在发展着。

二、辩证法中的数学

世界任何事物都是矛盾的统一体,包含有对立而又有统一的两个方面,这是普遍存在的对立统一规律。对立统一规律表明矛盾的两个方面互相依存,又在不断地斗争和消长,并可以互相转化,这就是所谓的辩证法。辩证法在数学中的表现形式非常突出、丰富多彩。例如,正数和负数、实数和虚数、加法和减法、运算和逆运算、微分和积分、曲线和方程、无穷大和无穷小、等式和不等式、直接证法和间接证法、连续和间断、确定性和偶然性、有序和无序等,这些都是矛盾的统一体。这些对立的两个方面,既对立又统一,还可以互相转化。下面举连续和间断、确定性和偶然性来说明。

1. 连续和间断

连续与间断是与运动紧密联系的问题,与人们的生活息息相关。自古以来,连续与间断是人们比较关注的问题,是一个古老而又极其重要的哲学范畴。数学在很大程度上也受此影响。

古代，人们开始研究物质及其运动时，就提出了连续和间断这两种相互对立的观点。在西方，古希腊爱奥尼亚学派最早主张连续论，认为物体的分割根本没有限度，分割是不会终止的。在古代中国，由宋尹学派提出并经荀况、王充、张载、王夫之等人发展的"元气说"，也是一种连续观，认为世界万物都是连续性形态的物质，都是由"气"所组成的，气"聚则成形，散而归太虚"。虽然这些连续观接触到了物质的连续性，但都忽略了它们的间断性。在西方，毕达哥拉斯学派最早反对这种连续观，主张"万物皆数"，以整数来反映和刻画形，空间图形是由某种大小的点形成的。无论连续观还是不连续观，其发展过程中都遇到了困难。例如，古希腊哲学家芝诺提出了所谓的"芝诺悖论"，进一步揭示了连续和间断的矛盾，但是芝诺并没有解决这一矛盾，反而进一步把间断性绝对化，否定了连续性。

实际上，要想弄清楚运动的本质并不简单。经验告诉我们，运动就是物体的移动，移动就是物体位置的变化。设想两列火车以同样的速度，并在两条平行的铁路线上同向行驶，站在车站上的人看到火车在向前行进。但是，站在这两列火车之一上的人，看到另一列火车并没有运动。这说明，运动具有相对性。

哲学家研究运动，是抽象的、概括的，而不做具体的研究。而对运动做具体的研究，是物理学家和数学家的事。当然，物理学家比数学家更加注重在不同条件下各种物体运动的发生、发展的具体规律，研究运动速度、距离之间的关系等等。数学家则主要关心运动轨迹的数学描述。但是，研究运动具体发生的过程却是一件非常困难的事。前已说过，数学上把运动看作是点的位置变化。

例 2-9 直线上的点与连续的哲学探讨及其数学意义。

如图 2-9，质点 P 从 A 点运动到 B 点，但是质点 P 是如何从 A 点运动到 B 点的呢？从直观上看，假设这条运动路线为线段 AB，它是由无数个点组成的。无疑，运动过程中动点 P 要经过这条线段上所有的点。那么，这条直线上的点，是怎样连成线段的呢？

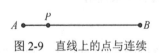

图 2-9 直线上的点与连续

点与点之间是彼此"连接"在一起呢？还是互相不连接呢？如果点与点之间连接在一起，那么两个点就成为一个点了。如果点与点之间不连接在一起，也就是两个很靠近的点与点之间有小间隔，那么这个动点又是怎样从不相连接的两点之间度过的呢？

人们对于在实际上发生的点的运动机制，并没有完全弄清楚，对运动的实际过程，并没有真正了解，因此，人们很难回答上述问题。正因为如此，古希腊哲学家和数学家芝诺提出了著名的"芝诺悖论"，向数学家和哲学家发难。芝诺是爱利亚学派巴门尼德（Parmenides）的学生，能言善辩。芝诺到雅典宣传其哲学主张，提出了四条悖论，与人们进行辩论。这四条悖论的具体内容是：

（1）线段二分悖论

线段二分悖论的基本含义是：如图 2-10，一个物体欲从 A 点运动到 B 点，那么，一定先要经过 AB 的中点 C；而要到达 C 点，又要先到达 AC 的中点 D；而要到达 D 点，又要先到达 AD 的中点 E；如此等等。这样推下去的话，从 A 点出发后的第一步，就不知道哪里是落脚点。因此，运动无法进行。

（2）阿基里斯悖论

阿基里斯是古希腊神话传说中的一员善跑的猛将，乌龟被认为是跑得比较慢的动物。但只要乌龟在他前面一段路程，他就"永远"追不上乌龟，即所谓的阿基里斯悖论。其理由是：设阿基里斯和乌龟原来所在的地方分别为 A,B 两点（如图 2-11）。不论阿基里斯跑得多么快，当他追到乌龟原来停留的地方 B 点时，乌龟就已经爬到前面的 C 点去了。当阿基里斯追到 C 点时，乌龟又爬到前面的 D 点去了。如此等等，阿基里斯总是落在乌龟的后面，永远也追不上它。

图 2-10　线段二分悖论　　　　　图 2-11　阿基里斯悖论

（3）飞箭不动悖论

飞箭不动悖论的基本含义是：一支射出去的飞箭，在空中飞行的每一瞬间，都只能静止在一个位置（点）上。这一点与下一点又不连接，飞箭怎么能从这一点飞到下一点上去呢？所以，飞箭只能是在空中那些点上静止不动，这与箭在空中飞行相矛盾。

（4）运动场悖论

运动场悖论的基本含义可以用如下士兵在运动场操练的情形来表述：假

设三队士兵 A,B,C 在运动场上操练，A,B 分别向相反的方向运动，从静止的 C 来看，A,B 的速度大小一样，假如他们都是每秒运动 10 米。但从运动的 A 看来，B 的运动速度却增加了一倍，即每秒运动 20 米（如图 2-12）。

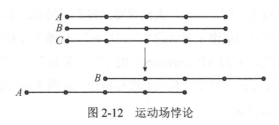

图 2-12　运动场悖论

人们试图解释上述的"芝诺悖论"，但是除了第四条用运动的相对性可以解释外，其余三条都很难用说理来驳倒。

怎么来看这四条悖论呢？有人说，"芝诺悖论"是为了驳斥运动的实在性。但有人认为正好相反，他是以运动的实在性，来指出人们对运动错误的理解和文字表述，也就是说不是没有运动，而是人们对运动的本质还没有弄清楚，所以对它才有歪曲的描述。因此，"芝诺悖论"的意义在于：它揭示了运动与静止、连续与间断、有限与无限等之间的复杂关系。人们所理解的运动，并不是实际进行的真实运动。数学家所设计的、用以反映世界运动的模式，并不等于真实的世界。而这个问题直到现在，也没有完全解决。数学家们、哲学家们还需要继续努力。

"芝诺悖论"对古希腊数学的直接影响是：古希腊数学家们在做数学研究时，必须小心谨慎。为了努力追求严谨，他们不敢随便接触"无限"，尽量避免使用"无限"说法。例如，平行线是几何学中基本概念之一，平行线就是在无穷远处不相交的两条直线。但是，欧几里得在《原本》中，叙述第五条几何公设即所谓的"平行公设"时，为了避免"无穷远"的说法，不得不用很长的文字，从反面来表述平行的概念，从而引起人们长时间对"平行公设"的争论。而亚里士多德则舍弃实际的或完全的无穷总体的概念，阐述了他对连续性的见解。亚里士多德的这个思想在西方很长一段时间占据支配地位。

随着近代科学的产生，伽利略首先对亚里士多德反对连续性提出自己的见解，认为一个连续的量虽然不是由无限的、不可分的量彼此相加而成的，但却可以被设想为由这些元素的实无穷组成的。接着，出现了关于光的本性解释的惠更斯（Huygens）波动说和牛顿微粒说之争。总之，这个时期，许多科学家和哲学家没有把连续和间断的矛盾真正统一起来。

后来，德国哲学家康德提出，世界无论是连续的观点还是不连续的观点都驳不倒，它们都可以用同样的逻辑来得到证明。黑格尔继承康德的思想，论述了连续和间断是对立统一的观点。后来，马克思主义哲学在总结和概括以往哲学和科学发展的积极成果的基础上，全面地、科学地阐述了连续和间断的对立和统一。

在现代数学中，无论是描述静止状态的数量，还是描述变化过程的数量，几乎都与连续和间断的辩证统一思想密切相关。例如，实数连续集的建立，说明连续和离散之间并不存在不可逾越的鸿沟。连续集一定都是不可数的，但不可数集也可能是离散的。①

2. 确定性和偶然性

一般认为，现实世界中的很多自然现象都是确定性的，必然要产生的。例如，水烧到 100℃ 就汽化，冷到 0℃ 就结冰；向空中抛出去的物体，它一定沿着一条抛物线运动；在直线上运动的物体的运动速度与它运动的距离相关；测量教室的长、宽、高的尺寸，可以计算出它的面积和体积；等等。因此，人们所学习的数学知识，大多数也是为了解决这些确定性的问题。而对于偶然现象，人们一般认为那只是局部的、次要的偶然事件，微不足道，可以不去关心。

然而，严格来说，我们平常所见到的确定性现象并不那么确定。例如，上面所说的水的温度，是用温度计测量并凭我们眼睛观察出来的；教室的长度、宽度和高度是用米尺测量的，也是由我们眼睛看出来的，这必然会产生误差。另外，物体运动的速度、距离等也都是测量得到的，也必然有误差。因此，所谓"确定性"的问题，实际上就已经包含了偶然性。只是在误差较小时，人们没有注意到或忽视它罢了。但是偶然中有必然，必然中有偶然，在现实生活中，偶然现象是十分普遍的，我们应重视偶然现象。下面用数学模式来分析确定性事件和偶然性事件及其关系，由此我们在关注确定性现象的同时，更要关注偶然性现象。

———————

① 张卓民. 论连续和间断. 社会科学辑刊，1987，49（2）：5-10.

确定性事件是在确定的前提条件下得出的结果是确定的，其模式可以这样表示（如图2-13）：

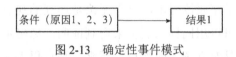

图 2-13　确定性事件模式

偶然性事件是在确定的前提条件下，只知道会得出几个结果，但具体得到的是哪个结果，却不能事先确定，其模式可以这样表示（如图2-14）：

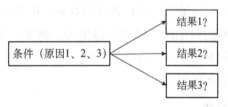

图 2-14　偶然性事件模式

由上述确定性事件模式和偶然性事件模式可以发现两者之间的辩证关系：如果在偶然事件中出现的结果只有一个，那么它就是必然事件，也就是说必然事件是偶然事件的一种特殊情况。同时，在必然事件中有时也有偶然因素。这就是说，偶然中有必然，必然中也有偶然。例如，在正常情况下，某一列高铁列车由西安到北京需要5小时到达，这是一个必然事件。但由于某种原因，高铁在路上被耽误了，就可能要延长时间才能够到达，这意味着在必然事件中存在着很多不确定的因素，导致某些偶然事件发生。

一般来说，必然事件可以通过某种方法加以验证或证明。例如，在物理学、化学等自然科学中，条件与结果之间的联系往往是用物理试验或化学试验来验证的，并且允许多次重复试验，以此验证其结果的唯一性。而对于随机现象，则可以运用随机试验来验证，但与必然事件的试验或验证有所不同。所谓随机试验，要求符合以下三个条件：

第一，当条件给定以后，可能出现的结果不止一个；

第二，有哪些结果会出现是事先明确知道的；

第三，在试验未进行完毕之前，不能预告会出现什么结果。

由此可以发现两者区别比较大：对于必然事件的试验，如物理、化学试验或实验，人们关心的是实验结果得出的明确结论，或者实验结果的数值。

对于随机试验，人们关心的不是试验结果究竟是哪一个，而是关心出现某一结果的可能性，或者说是"机遇""机会"有多大。这种机遇值在数学上称为"概率"。概率是对"机会"的一种度量。例如，在掷骰子的随机试验中，人们主要关心的不是会不会出现 3 点，而是出现 3 点的概率有多大。

在一次掷骰子的试验中，虽然不能确定会不会出现 3 点，但在大量投掷试验之后，人们能大致得到：出现 3 点的机会大概是 $\dfrac{1}{6}$。而投掷一枚硬币，出现正面的概率大约是 $\dfrac{1}{2}$。也就是说，如果你将一枚硬币投掷 100 次，可以预期出现正面的次数是 50 左右。

由上可知，随机事件中的机会值，虽然在个别试验中不能确定，但是它却隐藏在大量随机试验之中。概率统计就是研究偶然性大小的数学学科。随着现代社会生产的发展和科技的进步，概率统计越来越重要。有人研究过，对于人们最有用的数学知识，除了算术四则运算以外，就是概率统计。所以现在中小学数学课程改革的成果之一，就是将相当多的概率统计知识增加到中小学生数学必修课之中。

对于投掷硬币、掷骰子等随机试验，可以利用"等可能性"方法来计算概率。例如，一颗骰子有 6 个面，每面的点数依次为 1—6 点。如果这颗骰子质地均匀、形状规范，那么每一面出现的可能性是相等的，这就是"等可能性"的概念。

但是，要在具体情况下检验是否符合"等可能性"，却并不简单，需要具体问题具体分析，有时还可能出现混乱。所以，人们常常采用统计办法来确定概率，即如果在大量随机试验中，某事件 A 出现的次数（频数），与试验次数之比越来越接近一个定数 a，那么就把这个值 a 叫作事件 A 的概率 $P(A)$，即：

$$P(A) = \frac{\text{事件} A \text{出现的频数}}{\text{试验频数}} = a。$$

如果一颗骰子在做大量随机试验之后，出现 3 点的次数，与总次数之比越来越接近 $\dfrac{1}{6}$，那么就把 $\dfrac{1}{6}$ 看作是它的概率，这就是概率的统计定义。

三、哲学命题的数学表述

哲学的研究对象是真实的、具体的客观存在。但是，哲学要对这些客观存在的对象做抽象的研究，研究它们存在的本质及其发生、发展的普遍规律，研究意识与存在的关系等抽象命题。而数学的研究对象，尤其是现代数学的研究对象，有许多是很抽象的，甚至是高度抽象的，如非欧几何学、拓扑学、抽象代数、泛函分析、逻辑代数等，但所用的研究方法、计算和推导步骤，却是具体的、可以把握的。其原因就在于：数学语言是形式化的、严谨的、严密的，一点也不含糊，只要步步合理推导，就被人们所理解，不会产生歧义。

哲学语言是非形式化的，也就是哲学往往用普通语词来表述，但这也会因产生一些歧义而造成混乱。例如，一个有趣的命题：先有鸡还是先有鸡蛋？有的人认为，先有鸡，然后才有鸡蛋，其理由是：没有鸡哪来鸡蛋？有的人则认为，先有鸡蛋，然后才有鸡，其理由是：没有鸡蛋哪来鸡？这两种说法都有道理，但是谁都说服不了谁，长期争论不休，始终没有定论。究其原因，主要是哲学家没有给出"鸡"和"鸡蛋"明确的定义，也就是说没有给出明确的概念。而这些问题，数学家早就意识到了，例如亚里士多德曾专门对定义进行过研究。

自古以来，数学家对语言的要求是十分严格的，甚至可以说是"苛刻"。因为数学家使用的语言是数学家将普通语言加工而成的"数学语言"，其中使用必要的数学符号。这种有数学符号参与的数学语言，可以做到严格和精确。另一方面，数学家十分重视数学概念的清晰表达。在进行数学计算和推理之前，数学家一定要把其中的概念加以明确，否则不会考虑下一步行动，欧几里得的《原本》就是这样的一种典范。因此，这里不妨用数学思维和数学语言来处理"先有鸡还是先有鸡蛋？"的争论问题，即从概念入手，其分析如下：

根据数学思维逻辑规则，首先须明确这个命题中的概念，即什么是"鸡"？什么是"鸡蛋"？由此，按通常的思维来考虑，"鸡蛋"有下列两种不同的定义：

（1）鸡生的蛋叫鸡蛋。

（2）能孵化出鸡的蛋叫鸡蛋。

有了明确的概念之后，该哲学命题的问题自然就容易解决了，也就是从定义（概念明确）出发来进行推理，这样得到的结果自然就明确，也就不会产生歧义。具体来说，如果选（1）作为定义，当然就先有鸡，然后就有鸡蛋；如果选（2）作为定义，那就是先有鸡蛋，然后才有鸡。因此，数学家解决该哲学问题的关键是：先要明确命题中所涉及的概念，也就是说哲学问题可以借用数学公理化的思想方法而较好地得到解决。

哲学命题用数学语言来表述，这也反映了哲学研究的一种新方法和新方向，哲学家为此进行一些有益的尝试，也取得了一些成就。

例 2-10　"白马非马"论的数学表述。

"白马非马"论是中国古代一条著名的哲学论断，出自《公孙龙子·白马论》，据说是公孙龙的诡辩之一。他的本意是想要说明：这里的"白马"是指一匹具体的马，后面所说的"马"是抽象的马，是指"马"这个抽象概念。此话的意思是想说：具体的马不是抽象的马（的概念）。但"白马非马"论还是引发了一些争论。

引发该哲学论断争论的原因是其表述的歧义性。实际上，"白马非马"论使用了汉语"是"一词，而汉语中的"是"有两种解释：一是解释为等于或等同，例如，"他是王三"，即他与王三就是同一个人。二是解释为属于，例如："他是我的同事"，意思是他是我的同事之一。"非"是"是"的反面，即"不是"。也就是在通常的话语中，在用到"是"与"非"时，常有可能产生歧义，但是哲学论断却使用它，因而造成了误解。

为了解决哲学命题的这种歧义性问题，有研究者尝试采用数学语言来表述哲学命题，取得了一定的效果，也就是说用数学语言可以较为清晰地表述"白马"与"马"的关系，其基本办法是：把"白马"与"马"都视为集合，即｛白马｝表示"所有白色马的集合"，｛马｝表示"所有马的集合"。这样，"白马非马"用数学语言表述为：

｛白马｝ ≠ ｛马｝；｛白马｝ ⊂ ｛马｝，其中"⊂"表示从属于。

这样的数学表述比用普通语言即"白马非马"来表述明确多了，从而解决了该哲学论断的歧义性问题。

例 2-11　量变质变规律的数学表述。[①]

---

① 邢福石. 唯物辩证法符号化数学化初探. 华南师院学报（社会科学版），1982，（2）：17-23.

量变质变规律，即任何事物都将保持自身性质不变，直至这个事物的量的变化突破临界点为止。该唯物辩证法规律也可以用数学模型来刻画，即可用如下两个式子来表示：

$$M_{Q_1}^{Q_n}(m) \xrightarrow{\text{当}Q_1<Q<Q_n} M_{Q_1}'^{Q_n}(m)，\tag{2-1}$$

$$M_{Q_1}^{Q_n}(m) \xrightarrow{\text{当}Q\leqslant Q_1\text{或}Q\geqslant Q_n} N_{Q_1}^{Q_n}(n)，\tag{2-2}$$

其中，$M_{Q_1}^{Q_n}(m)$ 代表任何一个事物，(m) 表示该事物的性质，Q_1 和 Q_n 表示事物的量的最低值和最高值，即事物的度的最低和最高的临界点，Q 则表示该事物的量。

在（2-1）式中，当 $Q_1<Q<Q_n$ 时，即事物的量在该事物的质所规定的量的活动范围内变化时，也就是在最高和最低临界点所规定的区间或过程内变化时，则该事物的性质将保持不变，仅仅从一个事物 $M_{Q_1}^{Q_n}(m)$ 变为另一个同质异量的事物 $M_{Q_1}'^{Q_n}(m)$。

在（2-2）式中，当 $Q\leqslant Q_1$ 或 $Q\geqslant Q_n$ 时，即当事物的量的变化突破了度的临界点时，则该事物的性质发生变化，从一个事物 $M_{Q_1}^{Q_n}(m)$ 变为另一个不同质的事物 $N_{Q_1}^{Q_n}(n)$。

由此，我们可以从两个角度来理解唯物辩证法中的量变质变规律，从而加深对该规律的理解和认识。进一步地说，如果某些哲学思想进行结构化或模型化改造，那么这对于理解哲学思想至少能够起到辅助作用。

第五节　理性地认识哲学与数学的关系

上文讨论了哲学影响甚至决定数学发展的方向，还讨论了数学中也有辩证法、方法论，并试图将哲学命题用数学语言来表示，充分体现了哲学与数学的密切关系。于是，哲学家们利用数学对哲学的积极意义，倡导数学应更加深入地、全面地运用于哲学的观点。但是，哲学在运用数学的过程中，也产生了一些消极作用。因此，我们需要理性地认识哲学与数学的关系问题。

一、数学运用于哲学的优点

哲学与数学两者有着密切的关系。在历史上，数学运用于哲学的尝试早已有之，但都遭到失败，例如，笛卡儿、莱布尼茨、罗素等。因此，绝大多数的哲学家都不相信数学能够运用于哲学。但是，也正因为哲学与数学的密切关系，人们才一直没有停止尝试数学运用于哲学。随着现代数学的发展，特别是结构型数学（集合论、数理逻辑、近世代数等），为数学运用于哲学提供了一种转机。结构型数学是相对于数量型数学而言的，它是建立在抽象集合论的基础上关于数学关系和数学结构的研究，不依赖于数和数量关系，而哲学问题一般也不具有数量特征。由此归结，数学运用于哲学的优点至少有以下几点。

1. 哲学命题的表述更加准确清晰

长期以来，哲学命题的表述通常采用的是自然语言或思辨语言，这种表述方式使哲学表述的含义极具概括性和普适性，其优点是使哲学思想高度浓缩和概括，哲学语言比较简洁，增加了哲学思想的魅力。但也存在一些缺点，也就是哲学命题的高度浓缩和概括增加了人们对哲学思想理解的难度，容易导致"公说公有理，婆说婆有理"。究其原因是：自然语言或思辨语言的表述难免会发生一些歧义，可能产生这样或那样的误解。

如果哲学命题能够成功地运用数学的语言，可以对同一事物从两个对立或不同的角度进行辩证分析，而不是从单一的角度来分析。因而，哲学命题采用数学的方法，可以避免由自然语言或思辨语言所带来的语义上的不确切性和歧义性。例如，前文提到的"白马非马"论。

2. 哲学思想的表达结构化

哲学之所以有魅力，在于其能够统摄具体的学科，具有极强的概括性和跨领域性。但与此同时，哲学思想太过于概括，使哲学思想太抽象、太笼统，以至于许多人在理解和接受的时候感到非常困难。

数学运用于哲学能够很好地解决哲学表达过于抽象而难以被人理解的问题，把极具概括性的哲学思想经过结构化、模型化的改造，构成一系列的模型（如结构模型、逻辑模型、概念模型等），从而对于哲学思想的表达和被接受具有很大的辅助作用。

例 2-12　对立统一规律的数学表述。

动因定律或对立统一规律，即：任何具体事物运动的外因总是通过内因而起作用，事物内部矛盾因素的相互联结（统一）和相互排斥（斗争）推动着事物的运动。该规律也可以用数学模型来刻画，即可用如下两个式子来表示：

$$M_{Q_1}^{Q_n}(m_1 m_2) \xrightarrow{EC} N_{Q_1}^{Q_n}(n_1 n_2), \tag{2-3}$$

$$f(Q) = f(m_1, m_2)。 \tag{2-4}$$

在（2-3）式中，EC 表示事物运动的外因（external causes）或外部条件（external conditions）；$(m_1 m_2)$、$(n_1 n_2)$ 分别表示事物本质（m）、（n）自身中矛盾着的两个因素，m_1、n_1 表示事物的肯定方面，即占支配地位的主要方面，m_2、n_2 表示事物的否定方面，即处于被支配地位的次要方面；事物 $M_{Q_1}^{Q_n}(m_1 m_2)$ 的运动，正是在外部条件 EC 的促进下，通过 m_1 和 m_2 之间的相互联结（统一）和相互排斥（斗争）的作用而发生的，并最终变为 $N_{Q_1}^{Q_n}(n_1 n_2)$ 这个新质的事物。在事物 $M_{Q_1}^{Q_n}(m_1 m_2)$ 的运动过程中，首先发生的变化是量的变化，即 Q 在 (Q_1, Q_n) 内的变化。而 Q 的变化，是在 EC 的促进下，由 m_1 和 m_2 的力量对比所决定的。

在式（2-4）中，表达了 Q 与 m_1、m_2 之间存在着一定的函数关系。

3. 哲学学科科学化

哲学具有形而上学的特性，是能够统摄其他具体学科的重要原因，也就具有了可分析性特征。近代西方哲学与近代以来其他具体科学的发展有相类似的发展模式，为数学运用于哲学提供了可能，数学运用于哲学的人工语言可以表述哲学思想。马克思当时提出一个观点：一门科学只有成功地运用了数学时，才算达到完善的地步。哲学可以如同数学那样进行逻辑性的证明和推导，并且在一定程度上这种逻辑的证明和推导也推动哲学的发展。例如，牛顿的《自然哲学之数学原理》。

4. 哲学方法的可操作性

长期以来，人们认为哲学既是世界观，又是方法论，把哲学的方法论功能仅仅局限在运用特定的世界观来认识世界的层面上。由此，限制了哲学方法在具体操作层面的作用。数学运用于哲学在一定程度上解决了这一难题。哲学经过数学（特别是结构化）改造后，用数学表达的哲学思想更加清晰，人们就可以将数学运用于哲学进行分析思考，找到解决问题的思路和方法。①

二、辩证地认识哲学与数学的关系

数学运用于哲学可以将哲学命题用数学语言来表述，既可以进行定性分析，又可以进行定量分析，两者相互渗透、相互影响。但是，在认识到数学运用于哲学的优点之外，还应看到其存在的缺点。由此，对于数学运用于哲学，人们形成了两种截然相反的观点：一种是肯定，另一种则是否定。②

1. 数学运用于哲学的积极意义

一部分人支持数学运用于哲学，其理由主要是：

（1）马克思主义的观点为其提供理论依据

前面已提到过马克思关于数学与科学的关系的观点，他认为科学必须建立在数学基础之上才能真正成为科学。恩格斯也强调数学在科学中的作用，认为数学可以作为科学辩证的辅助工具和表现方式。因此，坚持马克思主义哲学的哲学家们相信数学能够运用于哲学。

（2）哲学与数学之间的内在联系为数学运用于哲学提供客观基础

从研究对象来看，哲学是研究自然界、人类社会和思维领域最一般规律的科学，而数学是研究客观世界的空间形式与数量关系的科学。作为哲学研究对象的每一个领域都有空间形式与数量关系存在，而这些空间形式与数量关系正是数学所要研究的对象。哲学与数学存在着客观的、必然的内在联系。

（3）数学与哲学的现代发展为数学运用于哲学提供了可能

从数学的内容及其发展来看，数学不仅是计算的工具，而且更重要的是作为思想的工具，它既可作形式逻辑的推理，而且也成为辩证的辅助工具。而现代哲学的发展，也加强了同数学的联系。例如，辩证逻辑在研究科学认识活动中的思维方式和方法时，往往借助纯粹的数学推导来进行论证。

---

① 王晓岗. 关于哲学数学化的一点思考——从广谱哲学谈起. 广西社会科学，2012，（9）：32-35.

② 张景荣. 哲学数学化研究. 国内哲学动态，1986，（8）：15-17.

2. 数学运用于哲学的消极意义

另一部分人对于数学运用于哲学持否定观点，其理由主要是：

（1）数学运用于哲学的具体含义不明确

有人认为，数学运用于哲学不能仅仅停留在原则性之上，而是要具体地搞清数学运用于哲学的含义，这样才能有的放矢地把数学运用于哲学的讨论进行下去。例如，加拿大数学家和哲学家邦格（Bunge）认为，现代的唯物主义是逻辑唯物主义，而不是辩证唯物主义。因为辩证法既笼统又不明确，而且含有隐喻的成分。因此，用精确而丰富的逻辑学和数学的语言来取代普通语言容易出问题。

（2）辩证地看待马克思主义关于数学运用于哲学的观点

马克思所提到的关于科学与数学的关系，其中的"科学"一词值得商榷。如果从广义的角度来理解，科学可以包括哲学在内；如果从狭义的角度来理解，则科学是区别于哲学的各门具体科学。恩格斯认为，数学是科学辩证的辅助工具和表现方式，并没有直接说明数学运用于哲学问题。因此，引用马克思主义的一些话语容易造成误解。

（3）数学运用于哲学仅代表一种研究尝试

哲学具有抽象性、概括性等特征，同时其表达又比较晦涩，不容易为人们所理解。因此，哲学家们尝试借助数学的严密逻辑性，并且这种尝试还没有具体涉及一些更深层次的内容。例如，虽然哲学家对唯物辩证法三大规律的数学符号化进行了有益的尝试，但是没能对具体问题专门展开论述。因此，数学运用于哲学还没有发展成熟，需要进一步发展才能定性。

总之，数学运用于哲学现在仍处于尝试阶段，有许多问题有待进一步探究。但是我们认为，既要看到数学运用于哲学的可能性和优点，同时又不能简单地将数学运用作为衡量哲学的科学性、真理性、可靠性、精确性，以及在实践中有效性的尺度。可以说，数学运用于哲学是哲学研究的一个方向，但不是全部。

第三章 自然科学与数学

科学是人类认识世界的重要途径之一，而自然科学是科学的一个重要组成部分，也是关于自然界的知识体系。与此同时，随着人类对自然科学认识的加深，数学对自然科学的作用越来越重要，联系也越来越密切。数学原来属于自然科学，后来才独立出来，同哲学、自然科学、社会科学等大学科相并列，成为一门独立的基础学科。

第一节 关于自然科学的若干问题

实践表明，数学已参与到自然科学的一切重要问题的研究，是不可或缺的重要因素之一。数学为自然科学研究提供了一般的基础性的研究方法，数学也由此应用到自然科学，从而发挥其重要的社会功能等。下面简要地提到一些自然科学相关的问题。

一、什么是自然科学

自然科学属于科学，而什么是科学，其定义还没有确定。从词源来看，science 一词，最早来源于拉丁文"scientia"，其意思是"学问"，其本义是"知识"。中国古代文献并没有"科学"这个术语，1893 年，康有为从日文中将"科学"引进到中国。

《辞海》关于"科学"的解释是：科学是关于自然、社会和思维的知识体系。但这并不是对"科学"下定义。实际上，给"科学"下定义是很困难的，因为人类对它的认识是一个不断深化的过程。目前，关于"科学"大体有以下几个方面的共识：第一，科学是人类对客观世界的认识，是反映客观事实和规律的知识；第二，科学是反映客观事实和规律的知识体系；第三，科学是一项反映事实和规律的知识体系的相关活动的事业。

从研究对象来看，科学可分为自然科学、社会科学、思维科学以及系统科学等。自然科学是科学的一个门类，是反映自然界本身的过程以及人与自然界的关系，是对自然界的各种现象的观察和认识的总结，其目的是揭示各种自然现象的客观规律和解释各种自然现象，并利用这些客观规律来指导人们的实践活动。①

二、自然科学的研究方法有哪些

人们在探索未知的自然规律时，总是要运用一些研究方法。为了更准确、更迅速地认识自然界未知的客观规律，促进自然科学的发展，就必须对科学方法进行研究。

科学方法是指探索与发现客观规律的方式。任何一种科学理论，在解释某些现实过程的性质时，总是与一定的研究方法相联系。方法是人们探索和发现客观规律的一种手段，是获得规律性知识的必要条件，是创造性思维的集中表现。

一般地，科学方法在其应用中分为三个层次：第一层次是各门学科所特有的研究方法，如光谱分析法、化学催化方法等；第二层次是整个自然科学所适用的普遍性方法，如观察方法、实验方法等；第三层次是自然科学、社会科学、思维科学和系统科学普遍适用的方法，即一般的哲学方法，如归纳法、演绎法、分析法和综合法等。②从自然科学的特殊方法中可以概括和发展出自然科学的一般研究方法，其中，数学方法已成为自然科学所广泛应用的一般研究方法。

人的认识过程总是从感性认识发展到理性认识，从经验上升为理论。由此，根据人的认识过程的顺序和深度来划分，科学方法分为两大类：一类是获取感性经验材料的基本方法，这类方法主要是用于观察和实验，包括观察方法、实验方法、调查方法等；另一类是在感性经验的基础上上升为理论的基本方法，这类主要是科学抽象、逻辑推理和综合方法，包括形式逻辑方法、辩证逻辑方法、数学方法、系统论方法、信息论方法和控制论方法等。科学

---

① 张平柯，陈日晓. 自然科学基础. 北京：人民教育出版社，2006：2-5.
② 蒲春生. 科学精神与科学研究方法. 东营：中国石油大学出版社，2018：153-156.

发现依靠的是这两大类方法的结合，缺一不可。①②

三、自然科学的社会作用有哪些

科学是人类最伟大的创造和最成功的事业之一，特别是自 17 世纪以来，近代科学在人类社会和人的生活中发挥着不可或缺的积极作用。然而，自然科学的社会作用既有其积极的一面，又有其消极的一面。下面仅谈谈自然科学的一些积极意义。

1. 自然科学是推进社会生产的强大动力

人类在生产劳动中取得物质生活资料的种类和数量，在很大程度上取决于社会生产力所达到的水平。生产力就是人类凭借和使用劳动资料作用于劳动对象时生产物质资料的能力，自然科学是一种推动社会生产发展的强大力量，是第一生产力。发挥自然科学的生产力功能的方式和途径主要是以下 4 点：

第一，通过教育帮助劳动者掌握新的科学技术知识，从而提高其劳动能力。

第二，通过技术发明革新生产工具和劳动资料。

第三，通过认识日益增多的自然物的属性，扩大劳动对象的范围和利用率。

第四，通过科学管理实现生产的优化。

2. 自然科学是促进思想解放的精神武器

科学学创始人贝尔纳认为，科学可以说明某些人类目的的虚假和不可能，同时又满足其他人类目的，特别是带来力量和人类的解放。由于科学变成物质文明的自觉的指导力量，它越来越渗透到一切其他文化领域中去。随着自然科学的发展及其向其他文化领域的渗透，自然科学已成为人们思想解放的重要武器，主要表现在：

第一，自然科学的发展给宗教迷信以沉重的打击。

第二，自然科学的发展为哲学的进步提供了日益坚固的科学基础和强大的推动力。

---

① 廖元锡，毕和平. 自然科学概论. 武汉：华中师范大学出版社，2014：10-15.

② 蒋梦祥，谈宜曙，栾玉广. 自然辩证法讲话. 合肥：安徽科学技术出版社，1983：189-193.

3. 自然科学是变革社会的有力杠杆

马克思认为，科学是一种在历史上起推动作用的、革命的力量。这种力量的作用，不仅能使社会的生产方式和人们的思想方式发生根本性和普遍性的变化，而且可以引发社会性质的根本变革。

总之，作为科学的一个部分，自然科学已经形成了自己的学科特色和研究方法，并对社会产生重要的影响。数学对于自然科学的发展起到非常重要的作用，主要可以表现为：数学是自然科学发现的有力武器；数学技术是高新技术的核心；数学是研究自然科学的有力工具。

第二节　数学超越自然科学

关于自然科学与数学的关系，历史上曾有过不同的理解和表述。以往，人们常常把数学看成是与物理、化学、生物等学科并列，同为自然科学的一门学科。但是后来发现，数学不能划归为自然科学，因为这二者在研究对象、研究方法、研究手段上有本质的区别。

一、数学独立于自然科学

以往，之所以将数学划归为自然科学，在很大程度上，是因为早期数学与自然科学有相似的研究对象，数学的发展动力早期来源于现实中的问题。到了 19 世纪，数学的发展动力发生了改变，有来自现实中的问题，但更多地来自数学内部。因此，数学从自然科学中分离出来是必然的，这主要基于以下因素的考虑：

1. 研究对象不同

自然科学包括物理、化学、生物、地理等学科，这些学科总是以某类具体的物质或者物质的某些性质为研究对象，将自然界作为自己的研究对象，或者是以自然界的各种具体的不同的物质运动形式及其规律为研究对象。而数学则不同，其研究对象是现实世界的数量关系和空间形式，是运动的模式，是抽象的公式和命题，这与具体的事物及其具体的性质无关。

2. 研究方法不同

自然科学的研究方法是从科学认识过程中总结出来的规律，是具有普遍性的方法。前文已提到，按其普遍性由小到大的程度来分，自然科学的研究方法可分为"三个层次""两个大类"（归纳与演绎）。而数学研究方法虽然与自然科学有交叉，但数学主要是抽象的推理和计算，再辅以计算机处理，与自然科学的研究方法有很大的不同。

3. 研究成果的适用范畴不同

虽然现代自然科学的各个学科之间的融合越来越多，但是一般地，物理定律、化学定律、生物学定律，它们彼此不通用、相互不混用。至于自然科学的具体结论，更不能直接搬到自然科学的其他学科和社会科学中去。但是，数学的公式、原理、定理和结论，不仅可以在自然科学中通行，而且能够在社会科学和我们日常生活中都有应用。

所以，根据现代科学的分类，数学已经从自然科学中分离出来，单独成为一类，与哲学、自然科学、社会科学和系统科学相并列。

二、数学超越自然科学的意义

数学对于自然科学的意义在于：数学是自然科学的基础，数学促进了自然科学的进步和发展。物理、化学、生物等自然学科，正是因为成功地运用了数学，才发展成为真正的科学。著名的物理学家伦琴是因发现"伦琴射线"而获得诺贝尔奖。当他的朋友问他：科学家需要什么修养？他的回答是：第一是数学，第二是数学，第三还是数学。①

1. 数学是自然科学的基础

现代科学发展进程表明，数学不仅是物理学的基础，而且是所有自然科学的公共基础和工具。自然科学，乃至于社会科学，正是在数学的参与和帮助下，才日益精确、日益成熟和不断发展。这方面的例子非常多，下面就以生物学为例来说明。

---

① 孙小礼. 数学与人类文化//邓东皋，孙小礼，张祖贵. 数学与文化. 北京：北京大学出版社，1990：199-212.

生物学是研究生物（包括植物、动物和微生物）的结构、功能、发生和发展规律的科学。在 20 世纪 50 年代以前，数学较少介入生物学的研究，而现在则大不相同，数学已在生物学中成功地运用，使得生物学获得突飞猛进的发展，以至于诞生了一门新的学科——生物数学。该学科是生命科学、生物学、农学、医学和公共卫生等学科与数学互相渗透形成的交叉学科，不仅用数学方法研究和解决生物学问题，而且也对与生物学有关的数学方法进行深入的理论研究。特别是 20 世纪 50 年代以来，生物学已从传统的解剖实验，进入能用电子计算机模拟技术和数学技术，从而可以揭示生命本质。

例3-1 在营养和生存空间没有限制的情况下，某种细菌每 20 分钟就通过分裂繁殖下一代。问：（1）n 代细菌数量有多少？如何计算？（2）72 小时后，由一个细菌分裂产生的细菌数量是多少？（3）在一个培养基中，细菌的数量会一直按照这个公式增长吗？如何验证你的观点？

解：细菌的繁殖方式为二分裂。细菌每 20 分钟分裂繁殖下一代，72 小时后，将由 1 个细菌变成 2^{216} 个，n 代细菌数量为 2^n 个。

但是，种群起始数量不一定是 1，下一代也不一定是上一代的 2 倍，而且繁殖周期通常要长。基于这样的考虑，可以用数学模型来描述细菌种群增长。

已知食物充足、气候适宜，某种群的起始数量为 N_0，时间为 t，N_t 表示 t 年后该种群的数量。假设该种群的数量每年以一定的倍数增长，第二年是第一年的 λ 倍，则 $N_t = N_0 \lambda^t$。这是在一个理想的条件下，用数学模型来分析细菌种群的增长情况。这样，可以更精细地发现细菌种群的增长呈指数增长的特点：起始增长很慢，但随着种群基数的加大，增长会越来越快，每单位时间都按种群的一定百分数或倍数增长，其增长势头强大。

但是，现实中，这种增长不可能无限地持续下去，达到一定数量时，就不再增长了，处于一种稳定状态。那么，也可以用数学模型来分析，这里引入两个概念，即种群增长速率和种群增长率。同时，可以看出这两个概念与数学模型的关系。

种群增长速率=（现有个体数–原有个体数）/增长时间

种群增长率=（现有个体数–原有个体数）/原有个体数

这样，细菌种群增长速率 $= N_t - N_{t-1} = N_0 \lambda^t - N_0 \lambda^{t-1} = N_0 \lambda^{t-1} (\lambda - 1)$，

$$细菌种群增长率 = \frac{N_t - N_{t-1}}{N_{t-1}} = \frac{N_0 \lambda^{t-1}(\lambda - 1)}{N_0 \lambda^{t-1}} = \lambda - 1。$$

通过细菌种群增长率，发现：在一定阶段，细菌种群增长率处于一个稳定状态，增长率不是指数级的增长，这就符合自然规律。

由上例可见，生物种群运用数学模型来分析，比较清晰地阐明生物种群活动过程中的多种变量间的相互关系及其依存关系，揭示生物种群增长过程的本质。

2. 数学是沟通自然科学与人文科学的认识论基础

自古希腊以来，数学是探索自然奥秘和宇宙运行规律的有力工具。虽然曾有一段时间出现了一些曲折，文艺复兴和近代科学诞生以前，宗教神学的世界观念及其单一的神学真理曾支配着西方人的思想，但是文艺复兴之后，自然界遵循数学法则的信念再次兴起，将数学运用于科学以更为纯粹、迅猛和高级的形式呈现出来，对自然现象进行了更深入细致的数学探索，许多科学家和数学家把数学的思想方法成功地应用于包括物理学、天文学在内的其他领域，其直接的结果之一是：数学运用于科学的观念影响了 18 世纪后半叶和 19 世纪前半叶的西方文化。

正当将数学运用于自然科学的观念广泛地深入人心的时候，社会科学家也开始将数学应用于社会科学。最早的是法国哲学家孔德（Comte），他将社会科学等非自然科学按照实证的方法和体系加以整合，建立了一种新的百科全书式的科学体系。此时，数学在整个科学系统中的地位和作用是至关重要的，人们认为不仅是自然科学，而且社会与人文科学也都必须接受以数学关系和量化形式来界定的实证法。由科学主义思想发展到逻辑实证主义具有积极的进步意义，但同时也反映了许多无法克服的认识缺陷，其中一个明显的缺陷就是排斥了那些不能够接受严格科学检验程序的知识。因此，我们需要辩证地看待将数学运用于科学。

19 世纪后半叶开始，数学在思想、内容和方法上都发生了很大的变化，其中许多变化是具有革命性意义的。例如，非欧几何学的诞生，使人们逐步认识到：数学开始从与自然科学的密不可分的联系中独立出来，逐渐走向更为广泛的科学领域，数学的思想、内容和方法已不局限于自然现象的刻画、描绘和解释，人类社会的各种复杂现象也逐步成为数学理论触及的领域。数学的量化和模式特征被看作是对世间万物以及万物之间数量与结构关系的一种抽象概括，数学已经从自然科学和工程技术中走出来，深入社会科学、人文科学和人类文化的各个领域，并越来越体现出其融自然、人、社会于一体的知识观念和体系，走向主客体交互性发展的学科。也就是以前作为自然法则阐释者的角色的数学已经将人类精神融入进来，将自然界与人类社会紧密地完整地结合在一起，数学已发挥着连接人文科学与自然科学的桥梁作用，为实现自然科学与人文科学的融合和统一提供了必要的知识平台。具体地表现在以下 5 点：

（1）多样性的统一

数学知识的多样性体现在把以自然科学为基础的科学主义与以社会科学为基础的人文主义有机地结合在一起。20 世纪以来的数学发展表明，不同学科、不同领域、不同分支之间有着更为深刻的广泛联系，这种多样性的统一的纽带就是数学。数学以其多样的统一性向社会科学研究领域广泛地渗透，这已经成为 20 世纪以来社会科学发展的一个显著特点。

（2）规律性的统一

数学规律性的统一体现在使自然科学与社会科学在量上的规律性和在关系上的结构性实现了某种统一。20 世纪以来的数学发展表明，数学已经具有越来越丰富的、深化了的和多样化的范畴和模式特征，数学已成为自然科学和社会科学的共同语言和有效工具。

（3）建构主义数学观的形成

建构主义数学观认为，自然现象与人类现象之间并没有截然不同，自然现象也是以一种不确定性呈现出来，这改变了人们传统的关于自然的确定性和决定性模式的观念。20 世纪以来的数学发展表明，数学已超越了机械论和决定论的研究，逐步深化到对混沌、复杂性、随机性、奇异性、间断性、无限性和不确定性等现象的研究，从刻画确定性现象发展为对随机性现象的描述，从静态分析到动态分析，从连续数学到离散数学，从渐变规律到突变规律，从明晰现象到模糊现象，从线性关系到非线性关系。

（4）具有终极价值和意义

现代数学展现出一幅与自然法则和社会规律交互和谐的美妙景致，形成了具有涵盖更为普遍和一般的人类文化特征的新思想，具有终极价值和终极意义。20世纪以来的数学发展表明，数学已经涉及追问宇宙的起源、形成和演变，探求物种的进化和变异，寻求人类精神和思维的本质。

（5）具有文化价值

前文已提到过数学文化，实际上说明，数学以知识的形式表现出来，体现出其科学价值，同时，数学还体现出其文化价值，具有启迪智慧、陶冶情操、磨炼意志、解放思想的价值和作用。①

3. 自然科学促进数学的发展

数学从自然科学中独立出来，这对于数学本身的发展也有积极促进的意义，表现在：数学本身不是直接的生产力，它要通过自然科学才能表现为直接的生产力。数学不是物质产品，然而，数学与自然科学相结合，就能够转化为现代化的物质产品。

例如，20世纪影响人类进程的科学发明之一的电子计算机，其功能强大，现在几乎各个行业都离不开它。实际上，电子计算机是现代数学的产物。中国著名的计算机科学家王选院士曾这样描述：电子计算机=数学的心脏+机械的外壳。

日常的大量计算，几千年来都是由手工操作进行的。至少从17世纪起，数学家就想使计算机械化。为此，莱布尼茨研究了二进制计数法，即任何一个十进制正整数，都能用0、1两个符号来表示；而这两个符号可以用电信号"开"和"关"来实现。英国著名的数学家布尔（Boole）在此基础上创立了"开关代数"（又称"布尔代数"），据此可以设计演示"开""关"运算的逻辑线路。英国的数学家图灵（Turing）将计算过程程式化，设计出理论上能够完成复杂计算程序的逻辑计算机——图灵机。

在物理学家和工程师们的帮助下，数学家们的这些思想和理论成果与电子技术结合起来，这样威力无比的电子计算机诞生了。而电子计算机发明以后，它的作用不仅限于完成繁杂的计算，而且还可以建立起各种信息的快速通道，从而使整个世界从电子时代进入信息时代。

---

① 黄秦安. 从数学知识范式的转换看科学主义与人文主义的融合. 陕西师范大学学报（哲学社会科学版），2006，35（2）：50-55.

又如，20世纪初，世界著名的物理学家爱因斯坦发现了著名的质能公式：$E = mc^2$，其中 c 表示光在真空中的速度，即 $c = 300000$ 千米/秒，m 表示物质的质量，E 表示物质的能量。这个公式指出了物质的质量与能量可以进行转化。由此也可以看出：虽然一个物体的质量并不大，但是光速 c 的数值非常之大，所以，它包含的能量仍然很大。因此，这个公式揭示出物质里含有巨大的潜在能量。在这之后的许许多多物理学家们，正是从这个公式得到启发和鼓励，经过刻苦研究和实验，发现了从物质释放原子能的原理和机制，从而推动了物理学的发展。

第三节　数学是自然科学发现的利器

数学一开始是以推算历法、进行各种测量的形式用于自然科学，到了近代科学发展以来，数学运用于自然科学才真正地实现其伟大的作用，数学成为科学发现的利器。反之，数学运用于自然科学也是早期数学发展的基本动力，由自然科学问题的研究来推动数学的发展。

一、自然科学中的数学

当前，自然科学的各门学科都在朝着越来越精确的方向发展，这种趋势同数学广泛地应用于各门学科是分不开的。数学的理论与方法渗透到其他科学领域，不仅促进了其他的科学领域发展得更加完善，而且也使数学得到丰富和发展。数学与其他学科的交叉与结合，促使许多新的数学分支学科的诞生。下面举一些自然科学的若干学科中的数学来进行说明。

1. 物理学中的数学

人们通常说"数理不分家"，意思是数学与物理学这两门学科之间历来就有着紧密的联系。早在古希腊时期，阿基米德就用数学方法来表征他的浮力原理和杠杆原理。到了20世纪，物理学的发展使物理学家们逐渐认识到，离开数学的支撑，物理学将寸步难行。同时，理论物理学家研究最基本、最原始问题时取得的突破性成果，往往也包含着对数学发展有建设意义、有启发作用的思想方法。

物理学与数学存在着密切的关系，数学在物理学中的作用往往令很多物理学家为之感叹，有些物理学家和数学家都曾在某些场合进行过一些表述和论证。例如，著名物理学家、诺贝尔物理学奖获得者杨振宁曾用一个"双叶图"形象地描绘数学和物理学的关系（如图3-1），他认为，在基本概念的基础上，数学和物理学都共同使用某些概念；与此同时，虽然数学和物理学都使用共同的概念，但是数学和物理学却沿着各自的脉络和方向发展。后来，他进

图 3-1 数学与物理关系的"双叶图"

一步解释"双叶图"，具体地指出：重叠部分包括微分方程、偏微分方程、希尔伯特空间、黎曼几何和纤维丛等，但是物理学家和数学家达成这样的"共识"或思想融合是殊途同归的结果，而不是同心协作的结果。另外，他始终坚持认为，"双叶图"中重叠部分不是固化的，随着物理学和数学的发展，双叶逐渐"长大"的同时，其重叠面积呈扩大的趋势。[①]

一般地，数学在物理学中的作用大体地体现在以下 3 点：第一，利用数学实现物理问题的有效表征；第二，数学为物理学理论的创立和发展提供重要工具；第三，物理为数学发展提供重要的源泉。

例3-2 如果甲、乙两辆汽车同时从同一位置沿平行的直线路径前进，甲车以 4 米/秒匀速运动，乙车由静止开始，然后以 2 米/秒^2 的加速度做匀加速直线运动。请分析运动过程中甲车将乙车甩在身后的最远距离。

解：这个问题显然是一个物理问题，但是一般地，往往用数学方法来分析问题和解决问题。设 x_1 表示甲车行进的路程，x_2 表示乙车行进的路程，则两车之间的距离关系可表示为 $\Delta x = x_1 - x_2$。对于甲车来说，其行进路程为 $x_1 = vt$，对于乙车来说，其行进路程为 $x_2 = \frac{1}{2}at^2$。由此，两车之间的距离关系可表示为一个二次函数 $\Delta x = x_1 - x_2 = vt - \frac{1}{2}at^2$，将相关的数据代入，得 $\Delta x = x_1 - x_2 = -t^2 + 4t$。由抛物线的函数可计算出，当 $t = 2$ 秒时，该函数的最

---

① 厚宇德. 杨振宁论数理关系. 自然辩证法通讯，2019，41（2）：38-42.

大值为 4 米。

通过上例发现，用数学来表征和分析物理问题，实际上是建立与物理场景相适应的数学模型，并且采用数学语言来刻画各个物理量之间的关系。也就是说，物理主要是研究物质结构、相互作用及运动规律的学科，它以实验为基础，通过数学来完成相应的推理和运算工作，可以更严谨地揭示物理现象和过程的内在规律，从而推动了物理学研究的进程。[①]

2. 化学中的数学

俄国著名的化学家门捷列夫发现了化学元素周期律，揭示了各种化学元素之间所存在的深刻的内在联系，为现代无机化学奠定了基础。令人惊异的是，化学元素之间的关系竟然隐含着深刻的数学联系，由此体现了数学在化学中的地位和作用。为此，门捷列夫曾进行这样的总结：为了正确地进行推论，不仅需要了解元素质的标志，而且需要认识它的量的标志，也就是可计量的标志。当某些特性能够计量的时候，这些特性就不再带有主观随意性，而具有客观性。这表明，定量的分析导致了元素周期律的发现，即化学元素的性质随元素原子量的增加而呈周期性的变化。

20 世纪以来，数学在化学中的作用日益广泛和深入，不仅成为化学领域不可或缺的工具，而且由于化学与数学相结合，产生了许多交叉学科分支，如数理化学、化学计量学、化学动力学、分析化学、量子化学等。下面以分析化学为例来说明化学中的数学。

分析化学是化学与数学相结合所形成的一门化学分支学科，是关于测定物质的质和量的科学。鉴定物质的"质"，就是要确定物质是什么，以什么形态存在，其化学组成和结构如何。测定物质的"量"，则是要确定物质有多少。测定物质的"量"是通过实验而取得一些数据，这些数据一般地要进行多次实验才能确定下来。但是，只有数据的"量"还不能得到所需要的结论。因此，化学家们必须对这些"量"进行分析，分析的工作主要就是运用数理统计学或概率论等进行数学分析，这样才能得到切合实际的结果或结论。总之，分析化学是一门有实践性和应用性的学科，在对实验数据进行合理处理和评价的基础上才能得到正确的结论。

---

① 余涛. 例谈数学与物理的逻辑关系. 中学物理教学参考，2019，48（2）：70-71.

为什么分析化学数据必须应用数理统计方法来处理呢？这是因为分析化学实验所得到的数据都不是绝对准确的，都含有随机性质的偶然误差。即使是同一位工作者，运用同一种分析方法，在相同的条件下，对同一种样品进行多次重复测定，测定的结果也不会完全相同。偶然误差是多种随机因素所引起的随机事件，其数值是不可测的。虽然偶然误差是随机性的、不确定的，但是它仍然有规律性。而概率论和数理统计方法正是研究和处理随机事件的属性和规律的科学方法。只有通过数学方法分析偶然误差，从实验数据中获得可靠的结果和结论，才能收到多方面的效果，如：判断数据或结果是否有错误，从而决定是否作出舍弃；分析结果是否需要更精确；判断分析结果的可靠程度；评价分析方法、分析工作的质量；评价影响分析结果的各种因素的影响；从测定数据中得出最多的结论；对测定工作进行质量管理；使实验工作最经济；等等。由此可以看出，数学在化学中的作用和地位是非常重要的。[1][2]

下面举若干个用数学方法解决化学中的问题的例子。

例3-3 一种铷金属与另一种碱金属的合金7.8克，与足量的水完全反应后，放出氢气0.2克，则合金中另一种碱金属可能是（ ）。

(A) Li (B) Na (C) K (D) Cs

解： 假设这种碱金属为M，化合价都是+1价，设该金属原子量为x，产生0.2克氢气需要该金属为7.8克，则

$$2M + 2H_2O = 2MOH + H_2$$

$2x$ 　　　　　2

7.8克 　　　　0.2克

解得$x = 39$。

铷金属相对原子质量为85.5，大于39，另一种肯定小于39，因此，答案为A和B。因为锂和钠的相对原子质量都小于39。

例3-4 已知氢元素有$^1H, ^2H, ^3H$三种同位素，氧元素也有$^{16}O, ^{18}O$两种同位素，它们之间形成化合物的种类有多少种？

分析： 氢元素与氧元素能形成H_2O, H_2O_2两种化合物，先按化合物的类型

① 缪征明. 数理统计在分析化学中的应用. 成都：四川科学技术出版社，1987：1-8.
② 钱玲，陈亚玲. 分析化学. 成都：四川大学出版社，2015：1-4.

分类，再按照氢元素与氧元素同位素相同与不同情况分类，同时注意两种化合物分子结构的对称性。

解：（1）形成 H_2O 种数：相同的氢元素同位素形成 H_2O 种数为 $C_3^1 C_2^1 = 6$；不同的氢元素同位素形成 H_2O 种数为 $\dfrac{P_3^2 C_2^1}{2} = 6$。故形成 H_2O 种数共有 12 种。

（2）形成 H_2O_2 种数：相同的氢元素同位素与相同的氧元素同位素形成 H_2O_2 种数为 $C_3^1 C_2^1 = 6$；相同的氢元素同位素与不同的氧元素同位素形成 H_2O_2 种数为 $\dfrac{C_3^1 P_2^2}{2} = 3$；不同的氢元素同位素与相同的氧元素同位素形成 H_2O_2 种数为 $\dfrac{P_3^2 C_2^1}{2} = 6$；不同的氢元素同位素与不同的氧元素同位素形成 H_2O_2 种数为 $\dfrac{P_3^2 P_2^2}{2} = 6$。故形成 H_2O_2 种数共有 21 种。

综上可知，形成化合物的种数共有 12+21＝33 种。

实际上，上述两个例子是运用化学定量分析法来解决问题，也就是用数学方法来分析、量化化学反应组的化学计量关系。可以看出，数学方法在化学中起到至关重要的作用，并有着广泛的应用，以至于形成一门新的学科——分析化学。

3. 地质学中的数学

地质学是一门有着悠久历史的自然科学的基础学科。在地质学的发展过程中，测试仪器的改进，新的物探、化探手段的增加，特别是人造地球资源卫星从高空中拍摄的图片在地质中的应用，使地质数据和资料的数量增长速度很快，应用传统的定性手段分析这些资料已无法完成任务。地质学的发展要求引进定量的研究方法，数学方法和电子计算机便是地质学研究的有效工具。随着地质学广泛地应用电子计算机，大量地应用数学，逐渐形成了一门新的学科——数学地质学，它是应用数学方法来研究地质学的基础理论和解决地质学中实际问题的地质学分支。

目前，地质学应用数学主要涉及的数学分支有概率论、数理统计、随机过程论、函数论、微分方程等，用于解决地质学的重大理论问题和实践问题，主要是地球构造和构造地质问题的数学模拟。

地球构造和构造地质问题的数学模拟是一个地质学的重大基础问题，在国际上已有很多人用不同的数学方法研究这一问题并取得了明显进展，如应用统计方法分析构造断裂系统，为构造断裂系统的随机模拟打下了基础；应用数学、流体力学方法模拟大洋中脊处岩浆上涌运动等。

　　例3-5　岩石学问题的数学模拟。

　　岩石学是地质学的一个分支，是研究岩石的分布、产状、成分、结构、构造、分类、成因、演化等方面的科学。其中包括探索岩石的成因，这涉及模拟岩石的形成条件，也就涉及物理、化学、数学等学科。岩石学问题的数学模拟是探索岩石成因等岩石学问题的一种研究方法和手段。

　　苏联地质学家利用随机数学对岩石学作了有益的探索，对结晶花岗岩和经过改造的花岗岩建立一种随机模型，在分析和研究大量标本的基础上，提出了结论，即有高温热液矿床的岩体和没有该类矿床的岩体，其随机特点明显不同，并且在岩体中金属矿床产生于一定的地段。①由此推进了地质学研究的一个基本思想，即用定量方法来研究地质问题，而岩石学问题的数学模拟构成了定量方法研究地质问题的一个方面。

　　总之，地质学经常运用数学模型、模拟地质现象和使用电子计算机实现大量复杂运算，有效地解决了一些地质问题，并且数学在地质学中的应用越来越广泛，以至于产生了一门新的学科——数学地质学。

4. 医学中的数学

　　医学是以人为研究对象的科学，虽然没有形成统一的定义，但是医学还有其共同关注的要点：首先是恢复、保持和增强人的身心健康，其次是以人的身心健康为目的来认识、治疗、预防人的身心疾病。

　　一般地，涉及人的身心健康的医学称为健康医学，它以个体和群体为研究对象，揭示实现人的健康的一般规律及其相关因素，揭示疾病发生发展的规律。这些规律的揭示离不开数学。例如，世界卫生组织曾提出10个反映健康的具体指标，用以更好地指导卫生服务工作，加深社会各方面对健康的深入理解。

　　数学应用于生命科学研究的历史可追溯到17世纪。英国医生哈维（Harvey）在研究心脏时应用流体力学知识和逻辑推理方法推断出血流循环系

---

① 刘承祚，孙惠文. 数学地质基本方法及应用. 北京：地质出版社，1981：1-4.

统的存在性。18世纪，著名的数学家欧拉利用积分方法计算了血流量问题。数学广泛地应用于生命科学与医学研究是出现在20世纪。比较著名的有：莫特拉姆（Mottram）对小白鼠皮肤癌的生长规律进行了研究，获得了瘤体在较短时间内符合指数生长规律的研究成果，通过建立数学模型来反映小白鼠皮肤癌的生长规律。物理学家薛定谔出版了《生命是什么》一书，应用量子力学和统计力学知识描述了生命物质的重要特征。总之，对生命现象进行量化研究主要是通过构造数学模型来揭示生命的奥秘，这已成为医学研究的重要方向。

二、数学是关于模式的科学

上述介绍的自然科学中的数学，在很大程度上与"数学是关于模式的科学"有关系。模式，英文pattern，是数理哲学中的一个术语。数学作为一门抽象性的学科，主要是研究理想化的量化模式。数学模式是抽象思维的产物，是人类从无限（指客观实在所构成的总体）抽象出来的有限（指具有普通意义的特殊客体）。中国著名的数学家徐利治曾这样解释：一般说来，数学模式指的是，按照某种理想化的要求（实际可应用的标准）来反映（或概括地表现）一类或一种事物关系结构的数学形式。"数学是模式的科学"是对数学本质进一步认识的结果，基本涵盖了以前的各种说法。例如，历史上，曾有"数学是量的科学"和"数学是空间形式和数量关系的科学"等多种说法，但这些说法可以归为数学"模式说"。我们可以用具体的实例来解释。以前人们认为，自然数是数学（量的科学）中的一个概念，数学"模式说"则可以提升为：自然数是反映事物量化属性的基本模式；到了19世纪，人们认为，函数是数学（空间形式和数量关系的科学）中的一个概念，数学"模式说"则可以提升为：函数是揭示一种现象与另一种现象之间对应关系的数学模式。由此，相比较来看，数学"模式说"更具有普适的意义，已不是某一特定事物或现象的量化特征的反映，而是反映一类事物在量的方面的共同特征。[①]

---

① 詹国樑. 数学是模式的科学——从怀特海的《数学与善》谈起. 苏州教育学院学报，2004，21（1）：76-85.

1. 大自然充满着各种模式

现实世界中的万事万物，虽然无时无刻不在运动和变化，但却呈现出某种规律性的变化。例如，月圆月缺，循环往复；一年四季循环更迭；天上的星座周而复始变化；江河湖海波涛滚滚；沙丘成列横亘茫茫沙漠；雪花呈现对称形；斑马、老虎、美洲豹身披条形花纹；如此等等。这些事物往往体现某种形式的规律性，有些相同或相似，但多数彼此不同，甚至毫不相干，然而我们都可以把它们视为相应的"模式"。实际上，我们就是生活在由大自然的种种模式组成的宇宙之中。因此，对于我们人类来说，识别和认识各种模式，是非常重要的。

关于数学研究的对象，恩格斯根据当时的科学发展水平和人类的认识水平，曾经说过，数学是关于现实世界的空间形式和数量关系的科学。后来，随着科学的发展和人的认识水平的提高，数学的研究对象需要从空间形式和数量关系，扩大到一般模式。事实上，物体的"空间形式"和"数量关系"，只是最简单的模式。

除此以外，自然界中还有更加丰富多彩的模式。从月圆到下个月圆，大约是 29 天多。生活在北半球的人们发现：一年当中，有一天的日影最长，并把这一天称为"冬至"。从今年的"冬至"到下一年的"冬至"，大约是 365 天多一点。猪、狗、牛、羊等动物，有四条腿；鸡、鸭、鹅和鸟雀，有两条腿。天上的星星呈点状，十五的月亮、出山的太阳呈圆形，雨后的长虹、水面上的波纹呈弧线形；课桌、门窗、篮球场等呈长方形；物体抛出的轨迹呈抛物线形；乒乓球、足球呈球形；等等。人们把它们概括为：点、圆、圆弧、长方形、抛物线、球等几何图形，实质上就是化归成为一种形的模式。此外，还有运动模式，如：太阳早晨升起晚上落下，垂直下落的物体做加速度运动，琴弦在拨动时来回振动，水面在石子投入后水纹波浪向四周扩散，等等。

最近几十年中，人们又发现自然界中一些新的模式——分形和混沌。例如，天空中飘着的一朵白云，人们想判断它的几何图形，想计算出它的体积。人们发现：这些问题的解决都无法做到。又如，英国的海岸线，人们想知道它的长度。人们发现：用不同的尺度去测量它时，竟然得出不同的结果，而且所用尺度越小，所得数据就越大。要是尺度越来越小的话，那么，从理论上竟能推断出它的长度会不断增大，以至于无穷大。后来，人们还发现有许多这样的现象：

一块方圆 1 公里的云彩和方圆 1000 公里的云彩，一座大山与它的一块山石做成的"假山"，一棵大树与它的一个树枝……形状相似。它们呈现出一些共同特征是：部分以某种形式与整体有相似的形状；无论放大还是缩小，甚至进一步缩小，其不规则性仍然明显。——概括地说，它们具有"自相似"性。对于这些新发现的情况，传统的研究、测量和计算方法都已经失效，因而必须有新的理论和方法来处理。这正是分形和混沌所要研究的课题。

2. 数学是研究模式的科学

人类为了生存和发展，需要更好地利用自然和改造自然。这首先要认识自然，了解自然的规律，对周围的各种"模式"进行识别、分类和研究。而数学通过人类的心智和文化，为识别和研究各种模式建立起来一套规范的思维方法、思想体系和实用技术。

数学的知识、思维方法和数学技术能够揭示隐藏在各种模式背后的规律，提出了一些有意义的问题：它们是怎样发生的？为什么会发生？它们将以怎样的方式进行变化？我们如何能够控制和改变它们的发展趋势？怎样才能以令人满意的方式，建立便于操作的数学模型，从而达到人类利用自然、改造自然的目的？这些问题可以用数学来解决，从而能很好地服务于人类。以下略举几个例子来进行说明。

例 3-6 从小提琴琴弦的振动到手机的发明应用。

将一根琴弦的两端固定在琴架上，用手在弦的中间拨动一下，琴弦便会来回振动，并发出声音，这是自古以来大家都知道的常识。但是，琴弦在振动时究竟是什么形状的呢？它的形状与弦的长度和密度，以及所给的弹力的大小等，有什么关系呢？在 17 世纪以前，人们没有研究过，也没有人知道。

微积分创立以后，人们用微积分来对弦的振动进行分析。先前有人猜想：弦振动的形状可能是正弦驻波。法国数学家达朗贝尔用数学方法证明：小提琴的弦振动有时并不是正弦驻波。欧拉建立了波动方程，并且求出了它的解，指出：弦振动产生的"波"可以是任何事先给定的形状。几乎与此同时，另一位数学家丹尼尔·伯努利用另一种方法求解了波动方程，证明：弦振动所产生的声波是由无限多个正弦驻波叠加而成的。人们为此问题困惑了多年。直到数学家傅里叶发现了三角级数，才解决了人们的困惑。原来，每个周期变化的曲线都可以分解为无穷多个正弦曲线，也就是说无穷多个正弦曲线叠加成弦振动的曲线。

弦振动分析引发一些数学家参与研究，其中，欧拉对弦振动的研究对学科发展更具有启发意义。他通过琴弦的线性振动启示，将其归结为二维振动，如湖平面水纹的振动，鼓的振动等，由此成功地建立了二维波动方程，并给出了满意的答案。此后，他又进一步推广到三维波动方程研究。现在，波动方程已经成为数学物理学中最重要的数学工具之一。流体力学用它描述水波的形成与运动；声学用它描述声波的传播和运动。

波动方程研究的意义不仅在于揭示了琴弦、空气、声音等振动的奥秘，而且在于它揭示出电与磁波动的相同性质，从而发现电与磁相互转换的可能性。

法拉第引进了"力线"的概念，麦克斯韦设计出一组数学方程，用力线来解释电荷或磁体在空间（电场和磁场）的分布。麦克斯韦把电场变化和磁场变化联系起来，导出了"麦克斯韦电磁方程组"，揭示了电和磁之间存在着本质的联系。不仅如此，由对"电磁方程"的纯数学推导，竟然得到了"波动方程"，从而发现了"电磁波"，而且它还以光的速度传播。赫兹用实验证实了电磁波的存在。马可尼（Marconi）将电磁波用于信息传播，成功地拍发出无线电报。从此以后，人们沿着这条线索，发明了雷达、电视、收音机、手机等。

从小提琴的振动到手机的发明应用的科学发展史中，我们看到了数学的力量。如果没有数学的参与、启示和引导，无论如何不可能想象得到：小提琴的弦振动会与电磁波有什么联系，更不可能有今天手机的发明。

例3-7 鱼群数量的预测问题。

人们想知道湖中的鱼群数量，但是精确的数据却难以获得，只能作一些定性的描述。现在，数学家构想出一种方法对湖中鱼群的数量进行计算，得出定量的结果，这样，便于渔业的科学管理。

一般地，人们总是希望从湖中最大限度地获得鱼的产量，同时保持一定的鱼群，使鱼资源不至于枯竭。数学家利用一种名为蛛网的作图法来描绘种群的变化，这个模型称为 Beverton-Holt 模型（如图3-2），成功地解决了该渔业管理的科学问题。

Beverton-Holt 模型的基本思想是：假设鱼一年成熟，繁殖后就死去。由第 n 年固有鱼群的数量 S_n 得到的新鱼群数量记为 R_n，于是下一年的鱼群数量为 $S_{n+1} = R_n$，由此建立 $R_n - S_n$，可以画出这些数量相关的形状图（如图 3-3）。通过图示可以看出鱼群的增长有逐渐减少而回到固有鱼群数量的趋势：鱼群愈大，新鱼群的增量愈小。

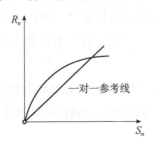

图 3-2 Beverton-Holt 繁殖模型

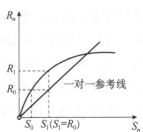

图 3-3 Beverton-Holt 繁殖曲线

例 3-8 网络与图论。

在现代社会中，充满着各种各样的网络，我们就是生活在这些各种各样的网络之中。大而言之，电灯、电话网络，各种频道的广播、电视网络，各种数字通信网络，铁路、公路、航空交通网络，江、河、湖、海水上航运网络，家族、同乡、同学、同事、同行、朋友等关系网络，等等；小而言之，收音机里的电子元器件连接成一个网络，电子产品中任何一个集成块也是一个电子元器件网络，邮递员每天所走的送信线路也是一个网络，如此等等。如何研究这些网络所形成的问题？数学中的图论，就是研究网络的有效工具，许多有关网络的问题，都可以用图论的方法来研究和解决。

（1）"哥尼斯堡七桥问题"和图论的简单知识

"哥尼斯堡七桥问题"是图论最早讨论的一个著名的问题。有一条大河从哥尼斯堡城中流过，河中有两个岛，把该城分为四个部分，河上 7 座桥将两岸和两个岛屿相连接（如图 3-4）。城里的人每天都从桥上走来走去，于是有人便提出这样一个问题：一个人能否依次走过所有的桥，而每座桥只走一次？如果可以的话，这个人能否还回到原来的出发地？这就是著名的"哥尼斯堡七桥问题"。

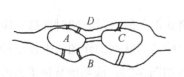

图 3-4 "哥尼斯堡七桥"

人们把这个难题提交给世界著名的数学

家欧拉，请他来解决。欧拉为此设计了一种
巧妙的办法，从而成功地解决了此难题，其
基本思路是：他把 4 个部分的陆地和岛（分
别标为 A、B、C、D）不断缩小，最后都缩
成一点，而把连接两部分陆地的桥，设想成
连接这两点的一条线，于是得到一个"图"
（如图 3-5）。

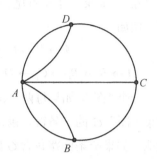

图 3-5 "哥尼斯堡七桥图"

　　这样，欧拉把原来的问题变为"图"论
的一个问题，即这个"图"能否一笔画成而
不重复？如果可以的话，起点是否与终点重合？这是一个有趣的问题，巧妙
之处在于欧拉设计了画"图"的方法，巧妙地将陆地和岛转化为点，桥转化
为线，从而设计了一个"图"。

　　欧拉是如何解决的？这需要一些简单的图论知识。图论中的"图"究竟
指的是什么？或者说，什么是"图"？"图"是指由若干个点，以及连接它
们中某些点的线（直线或曲线）组成的有限图形。"图"可以是平面的（如
图 3-6），也可以是立体的（如图 3-7）。

　　"图"中的点称为顶点，"图"中的线称为边。一个"图" G 可以用它的
顶点集合 V 和边集合 E 唯一确定，记作 $G = G(V, E)$。两个"图"，如果它们
的顶点集合 V 与边集合 E 相同，则称这两个"图"是"同构"的。两个同构
"图"，从图论的意义上就认为是完全相同的。如图 3-6 与图 3-7，虽然一个是
平面的，一个是立体的，但它们的顶点集合 V 与边集合 E 相同，因此这两个
"图"是同构的。

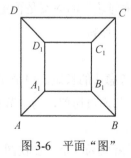

图 3-6 平面"图"

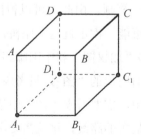

图 3-7 立体"图"

由彼此相连接的顶点和边组成的部分图形（"子图"），称为图的一条"链"

或"路"。如果一条路首尾相连，则称为回路或环。图 3-7 中就有多条回路或环，例如：

$$A \to B \to C \to D \to A, \quad A \to A_1 \to D_1 \to D \to A,$$

$$A \to B \to B_1 \to C_1 \to D_1 \to D \to A, \quad A \to B \to C \to C_1 \to B_1 \to A_1 \to A。$$

一个"图"，如果每两个顶点都有且只有一条边相连，则称之为"完全图"。如果"图"G 的一条链，包含了 G 的所有顶点和边，则称之为"欧拉链"；特别地，如果一条回路包含 G 的所有顶点和边，则称之为"欧拉回路"。于是，"哥尼斯堡七桥问题"就变成：图 3-5 是否为一个欧拉链？它是否为一个欧拉回路？为此，还需要关于顶点的几个概念。

一个顶点所聚集的边的数目，称为该顶点的"度"。顶点的度是奇数的点，称为"奇顶点"；顶点的度是偶数的点，称为"偶顶点"。

这样，关于一个"图"是否为欧拉链或欧拉回路，有一个简单的判定准则，我们把它写成以下定理形式：

定理 3.1（欧拉回路判定准则）一个连通"图"（"图"中任何两个顶点都能够用一条链来连接）是欧拉回路的充要条件是，它的奇顶点的个数是 0 或 2。

由此可以得到，"图"是否可以一笔画的判定准则，也可将其写成下面的定理形式：

定理 3.2（一笔画判定准则）如果"图"上的奇顶点的个数是 0 或 2，该"图"就可以一笔画，否则不能一笔画。特别地，若奇顶点的个数为 0，即"图"上没有奇顶点，则该"图"不仅可以一笔画，而且起点还能与终点重合。

据此，对于上述"哥尼斯堡七桥问题"很容易得出下列一个结论：因为图 3-5 上的 4 个点都是奇顶点，所以它不是欧拉回路，也不是欧拉链，因此，它不能一笔画。由此，可以得出"哥尼斯堡七桥问题"的答案是否定的，也就是不可能一次走过这七座桥，且不重复走过每一座桥。

（2）"加权图"和中国邮路问题

前面所说的"图"，只考虑顶点和边，而不考虑边的长短。但是在许多实际问题中，需要考虑"图"中边的长短。例如，邮递员送信，为了节省时间，要选择最短的路线，这就需要考虑图中边的长短。

在"图"中的每条边上加注数字表示边长，就成为一个"加权图"。"图"G 中一条链上各边长之和，称为该链的长度。

一座城市，以街道为边，以两条街道的交点为顶点，并以每条道路的长度为加权，便构成了一个"加权图"。邮递员需要走过每一条街道和每一个交点。如何选择一条最短邮路，使邮递员从邮局出发，跑遍所有街道送完信以后，再回到邮局？它是中国数学家管梅谷先生提出来的，被称为"中国邮递员问题"。我们可以将"中国邮递员问题"归结为一个数学问题：

一个"加权图"中的"最短邮路"，要符合以下条件：

第一，可以一笔画成，不过可能有些边有重复；

第二，没有多于两次重复的边；

第三，"图"G 中每条回路上重复的边的总长度，不超过该回路长度的一半。

满足这些条件的最短邮路，称为"中国邮递员问题"的最优解。关于最短邮路问题，有以下结论：

定理 3.3 中国邮递员问题的最优解是存在的；如果存在两个满足条件的最优解，那么它们邮路的长度相等。

下面，我们用实例来具体介绍求最优解的方法。

问题：设邮路如图 3-8 所示的"加权图"，其中点 A 是邮局所在地，每个线段上所标出的数字，表示该路段的长度。求此邮路的最优解。

这是一个有 15 个顶点的"加权图"，其中有 10 个奇顶点，即 $V_2, V_4, V_6, V_7, V_8, V_9, V_{10}, V_{11}, V_{13}, V_{14}$，所以，根据定理 3.2 知，该"加权图"不能一笔画成。为了使邮路有最优解，需要将该"加权图"化为"欧拉回路"，那么就需要消灭这 10 个奇顶点。

我们注意到：若在两个奇顶点之间加一条边（实际上这是一条重复的边），则就将这两个奇顶点变为偶顶

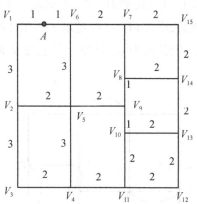

图 3-8 中国邮路问题的"加权图"

点，也就是将这两个奇顶点消灭。例如，在 V_6, V_7 之间加一条边，这两个顶点都变成了偶顶点。所以，在加上若干条边之后，就可能完全消灭所有的奇顶

点，而加上边以后，该"图"变成欧拉回路（包含有重复边）。这样造就的欧拉回路中有重复边，故称为"加边欧拉回路"。在两个顶点 V_6 和 V_7 之间加一条边，其实际意义就是：在这长度为 2 的边 V_6V_7 对应的街道上重复再走一次。因此，我们在构造"加边欧拉回路"时，希望所加的边越少越好，所加边的总长度越小越好。

下面用两种方法来加边，如图 3-9，图 3-10 所指出的：

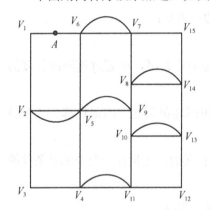

图 3-9 "加边欧拉回路"的邮路线 1

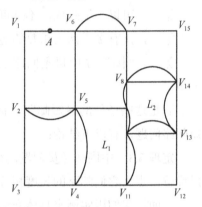

图 3-10 "加边欧拉回路"的邮路线 2

图 3-9 中的"加边欧拉回路"，新加边的长度都不超过所在环路长度的一半，符合最优解的条件，故这是一个最优解。图 3-10 中所加的边，在环路 L_1, L_2 上的长度之和，已经超过了所在环路长度的一半：环路 L_1 的长度为 10，所加的边的长度为 6；环路 L_2 的长度是 8，所加的边的长度为 6。所以，图 3-10 中所画的"加边欧拉回路"不是最短回路，因此，它不是最优解。

虽然图 3-10 中的"加边欧拉回路"不是最优解，但是通过对其进行适当的调整，可以得到新的"加边欧拉回路"为最优解（如图 3-11 所示）。

经过检验可知，图 3-11 中的"加边欧拉回路"符合最优解的条件，因此，它是一个最优解，而且它与图 3-9 中的邮路的总长度相等。

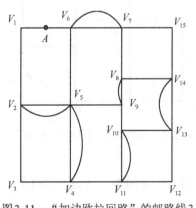

图 3-11 "加边欧拉回路"的邮路线 3

从这个例子可以发现："中国邮路问题"的最优解并不是唯一的。

（3）"竞赛图"与足球队比赛的排名

很多体育比赛采取循环赛制，经常会出现甲胜乙、乙胜丙、丙胜甲的循环胜负情况，这给最后的名次排定带来困难。图论中的"竞赛图"就可以解决这类问题。

如果给"图" $G = G(V, E)$ 的每边规定一个方向，也就是使连接每边的两个顶点都成为有序二元集合 (v, u)，称之为"有向图"；任何两个顶点都有边相连的简单"图"（不含平行的边和自回路），称之为"完全图"；有向的完全图称之为"竞赛图"。

例如，在一场 6 人参加的乒乓球循环比赛中，分别以六个数字 1, 2, 3, 4, 5, 6 来分别代表 6 名选手；当选手 i 战胜选手 j 时，就规定连接这两个顶点的边的方向为 (i, j)，也就是将箭头从 i 指向 j。假设比赛结果如图 3-12 所示，这就构成了一个"竞赛图"。

从图 3-12 中可以看出：1 号选手战胜 2 号、4 号、5 号和 6 号选手，但被 3 号选手打败；2 号选手战胜 4 号、5 号和 6 号，但被 1 号和 3 号选手战胜；3 号选手战胜 1 号、2 号和 4 号选手，但被 5 号和 6 号选手打败；4 号选手战胜 5 号和 6 号选手，但被 1 号、2 号和 3 号选手战胜；5 号选手战胜 3 号和 6 号，但被 1 号、2 号和 4 号选手战胜；6 号选手战胜 3 号，但被 1 号、2 号、4 号和 5 号战胜。

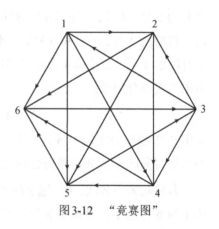

图 3-12 "竞赛图"

如何来排列这 6 人比赛的最后名次才合理呢？一种办法是：按照箭头方向，在"竞赛图"中找出一条连接所有顶点的"有向链"，以"有向链"上各个顶点的顺序来确定各人名次。

例如，图上 $(3, 1, 2, 4, 5, 6)$ 是一条"有向链"，由此确定这 6 名选手的一种名次：3 号选手是第一名，1 号选手是第二名，以下名次依次是 2 号、4 号、5 号和 6 号选手。但是，这种最后名次的排列法是有问题的：第一，图中这样的"有向链"不止一条，如 $(1, 2, 4, 5, 6, 3)$，$(1, 4, 6, 3, 2, 5)$ 也都是"有向链"；第二，1 号选手胜 4 场，明显比 3 号选手多胜 1 场，为什么让 3 号选手当冠军？所以，一般不用这种方法排名次。

通常，排定比赛的最后名次所采用的方法是计算得分，也就是在没有平局的情况下，胜方得 1 分，负方不得分；计算每名选手所得总分，以分数多少来排定名次。

在本例（如图 3-12）的情况下，6 名选手得分向量是 $S_1 = (4,3,3,2,2,1)$，其意思是 1 号选手得分为 4，排名第一名，2 号和 3 号选手得分都为 3，并列第二名，4 号和 5 号选手得分都为 2，并列第 4 名，6 号选手得分为 1，排名最后。

但是如果不允许比赛最后的名次并列，则这种方法就不能用。不仅如此，本例中的 1 号选手虽然得 4 分，比 3 号选手多 1 分，但是它被 3 号选手打败了。这样，如果把冠军给 1 号选手，那么 3 号选手就有想法。于是，人们想出了一个新的办法：计算每名选手打败的选手得分总和。例如，被 1 号选手打败的 2 号、4 号、5 号和 6 号这四名选手得分总和是 8（=3+2+2+1），被 2 号选手打败的 4 号、5 号和 6 号这三名选手得分总和是 5（=2+2+1），被 3 号选手打败的 1 号、2 号和 4 号这三名选手得分总和是 9（=4+3+2），等等，于是得出二级得分向量：

$$S_2 = (8,5,9,3,4,3)，$$

其中 S_2 中顺序分别是 1 号、2 号、3 号、4 号、5 号和 6 号选手的得分（后面的三级得分向量 S_3 和四级得分向量 S_4 也是这样）。

若按此来定名次，3 号选手应该是冠军，1 号选手是亚军。然而，这里 4 号选手与 6 号选手得分都是 3 分，不分高低。我们还可以继续沿着这条思路，计算各选手打败的选手在二级得分向量中得分总和，求出三级、四级得分向量，也就是：

在二级得分向量得分总和中可以计算三级：被 1 号选手打败的 2 号、4 号、5 号和 6 号这四名选手得分总和是 15（=5+3+4+3）分，被 2 号选手打败的 4 号、5 号和 6 号这三名选手得分总和是 10（=3+4+3）分，被 3 号选手打败的 1 号、2 号和 4 号这三名选手得分总和 16（=8+5+3）分，等等，于是得出三级得分向量：

$$S_3 = (15, 10, 16, 7, 12, 9) 。$$

在三级得分向量得分总和中可计算四级得分向量：被 1 号选手打败的 2 号、4 号、5 号和 6 号这四名选手得分总和是 38，被 2 号选手打败的 4 号、5 号和 6 号这三名选手得分总和 28，被 3 号选手打败的 1 号、2 号和 4 号这三名选手得分总和 32，等等，于是得出四级得分向量：

$$S_4 = (38, 28, 32, 21, 25, 16) 。$$

从以上一、二、三、四级得分向量可以发现：两名选手在不同的得分向量中的得分位置可能发生变化。例如，从上述数据来看，1 号选手和 3 号选手在争夺冠军，即在 S_2, S_3 中，3 号选手是冠军；在 S_4 中，则是 1 号选手为冠军。而 2 号选手和 5 号选手在争夺第三名；在 S_2 中，2 号选手排在 5 号之前，而在 S_3 中，5 号选手排在 2 号之前，两者正好相反。

但是，从理论上可以证明，这样的得分向量序列 $S_1, S_2, \cdots, S_n, \cdots$ 是收敛的。也就是说，当 n 充分大时，任何两个选手名次的摆动现象都会停止，名次最终会唯一地确定下来。以本例来说，继续计算得分序列，有：

$$S_7 = (407, 286, 384, 206, 280, 193)，$$

以此类推，计算出得分向量序列 $S_1, S_2, \cdots, S_n, \cdots$，直到最终排出名次为止。由此，本例最终的排名为：1 号选手为冠军，3 号选手为亚军，2 号选手为第三名。

第四节　数学是自然科学研究的有力工具

数学对于物理学、化学等自然学科的研究更多地表现为工具价值，不仅表现在数学公式、定理的应用上，而且还表现在数学思想方法的应用上。下面以科学史上的一些实际事例来进行说明。

一、天文学研究与圆锥曲线

天文学是人类创立的最古老的学科之一。远古以来，人类的生存就仰赖大自然的恩赐。狩猎和农业是人类最古老的生产形式，它们都与一年中四季的更迭有极大的关系，那么早期人类怎样来分辨一年中的季节呢？古人发现，可以依靠天上星座的变化来判定，这就需要观察天象的变化，天文学由此产生。

但是，在很长的历史时期内，人们主张"地球中心说"（简称"地心说"），这种对天体结构的认识是错误的。这种认识和主张自然有道理，因为人是站在地球上来观察宇宙的，所以古代东方和西方都信奉"地心说"。"地心说"认为，宇宙是以地球为中心，太阳、月亮、五星都围绕地球旋转，但东西方关于"地心说"的观点也有所区别。古代中国持有"天圆地方说"，认为天是圆形的，地是方形。古代西方以托勒密为代表，认为地球是宇宙的中心，日、月、五星各自在本轮和均轮上运行，这就是所谓的"托勒密体系"。

历史上，"地心说"统治人们的思想长达千年。但是，到了16世纪，哥白尼通过坚持不懈的潜心观察，并运用数学方法进行研究，发表了划时代的科学巨著《天体运行论》，提出了"日心说"宇宙观，此后经历了一段较长的时间，"地心说"才逐渐退出了历史的舞台。

第谷是一位杰出的宇宙观察家，但他却坚持"地心说"。第谷坚持天文观察，积累了大量的天文观察资料，编制了相当精确的、至今都有重要价值的恒星表，由此，第谷被誉为近代天文学的奠基人之一。开普勒正是在第谷工作的基础上，运用数学方法分析这些观察资料，从中总结和发现了著名的行星运动三大定律，这是一个惊人的发现。这一发现是开普勒把数学上1000多年前就已经准备好的圆锥曲线论用到了天文学上；这一发现也是牛顿后来发现万有引力定律的基础。

牛顿写出了科学巨著《自然哲学之数学原理》，总结了近代天体力学和地面力学的成就，为经典力学规定了一套基本概念，提出了力学的三大定律和万有引力定律，从而使经典力学成为一个完整的理论体系。其中，关于天体力学，牛顿的高明之处在于：用微积分知识推算并得到了天体运行的数学模式，并以无可辩驳的事实得出结论，即任何天体的运行轨道都是圆锥曲线。为此，人们根据对某个行星的几次观察记录，就可以计算出该行星的运行轨道。

如果说天王星是在巡天观测中发现的，它的发现具有相当的偶然性，那么，海王星的发现确实是科学理论辉煌的应用。天王星发现后，布瓦尔（Bouvard）用摄动理论的方法，全面地研究已知的行星对天王星的摄动，精确地进行摄动计算，并用手中已经掌握的天王星观测资料，来修正这些摄动的影响，结果发现早期观测数据和近期观测数据落在两个不同的椭圆周上，并没有达到预期的结果。可惜，布瓦尔回避了观测的前后矛盾。随着时间的推移，这种矛盾愈来愈突出。当时的天文学家猜想天王星轨道外边还有一颗新的行星，这颗新的行星对天王星的摄动是造成天王星运动不规则性的原因。在过去的摄动计算中，天文学家没有考虑新行星的摄动，所以天王星位置的计算值和观测值总是不相符合。但相对于木星、土星的运行来说，这颗新行星并没有表露出来，这是由于这颗新行星对木星、土星摄动影响小，可以忽略不计，所以木星、土星位置的理论值和观测值相符合。

在摄动理论的思想指导下，勒威耶（Le Verrier）和亚当斯（Adams）各自计算出一个新行星的位置，即海王星。加勒（Galle）在接到勒威耶的信后，根据勒威耶所指的位置观测证实了他所提的新的行星存在。这一发现进一步证明了牛顿理论的合理性。同时，这一发现也证明：数学作为探索自然的科学方法，可以认识到世界及宇宙的发展具有规律性；人们认识事物是逐步深化和发展的过程，偶然包含在必然之中。

摄动理论是研究星体在真实受力和理想受力的情况下，所出现的真实运动与理想运动间的微小偏离，并设法逐次消除计算偏差的理论。从开普勒到牛顿的工作都是讨论行星的运动规律，天文学家以此为基础提出了摄动理论。牛顿根据开普勒的研究成果总结出万有引力定律：

$$F = G \cdot \frac{m_1 m_2}{r^2},$$

其中，F 为引力，m_1, m_2 为两个质点的质量，r 为质点之间的距离，G 为引力常数。根据牛顿的万有引力定律，一个天体的运动总要受到所有其他天体的影响。如果整体地讨论它们同时运动的情况，那就千头万绪，很难解决问题。因此，天文学家抓住主要问题，只考虑太阳对某一行星（或行星对卫星）的引力，略去其他天体的干扰，纯粹从数学上讨论某一天体在中心天体的引力作用下的运动轨道、速度和周期等，这称为二体问题。二体问题又称为无摄动问题。如果考虑三质点在万有引力作用下的运动，称为三体问题，这是比较复杂的问题。拉普拉斯、泊松（Poisson）、拉格朗日、雅可比（Jacobi）、汉密尔顿（Hamilton）等人对天体力学作出过杰出的贡献，使得摄动理论成为内容丰富、逻辑严密、系统性强的经典的天体力学理论。拉格朗日首先推出行星运动的摄动方程，从这个方程出发，讨论行星的运行规律。

二、色盲遗传问题与概率

人们在生活经验中发现，有些人不能辨认某些颜色，这多少也有点影响到他们的生活和工作。色盲虽然不是什么严重疾病，但毕竟也是一种生理缺陷。大约在 20 世纪初叶，有人发现色盲具有遗传性。于是，人们提出了一个惊人的问题：既然色盲能遗传给下一代，那么将来会不会有一天全世界的人都成为色盲者？

这在当时还是一个比较棘手的问题。因为眼睛是人体最复杂的器官之一，要从解剖学的角度来考虑，就已经十分困难，何况还与遗传因素有关。当时，人们还不了解遗传基因的结构，所以也就根本无法了解色盲在遗传基因上的原因。

后来，人们将这个问题提交给哈代（Hardy），请求他来解决这个问题。哈代自称是纯粹数学家，对实际问题并不感兴趣。但是，这回是个例外，他对这个问题不但有兴趣，而且成功地解决了这个棘手的问题。哈代从概率统计的角度入手，仅用初等代数知识，就巧妙地、彻底地解决了这个难题。哈代解决此问题的基本思路如下。

首先，由大量临床统计资料总结色盲的一些基本特征：

第一，色盲者中，男性比女性多得多；

第二，父亲色盲、母亲正常，其子女无色盲；

第三，母亲色盲、父亲正常，其子女中男孩色盲、女孩正常。

由此，他判断：色盲的遗传与性别有关。男女性别的差异，与遗传基因中的性别染色体有关。下面，我们用概率统计思想作进一步分析：每个人的体内都有 23 对染色体，其中一半来自父亲，一半来自母亲；其中有一对是特殊的染色体——性别染色体，决定人的性别。一般地，男性的性别染色体表示为 XY，女性的性别染色体表示为 XX。在遗传给下一代时，母亲的性别染色体为 XX，所以给予子女的总是 X；父亲的性别染色体为 XY，所以随机地选择 X 或者 Y 给予其子女，其概率可计算出来。若是前者，则是女性；若是后者，则是男性。

　　既然色盲与性别有关，那么色盲者一定是性别染色体出了毛病。那么究竟是 X 出了毛病，还是 Y 出了毛病呢？答案：一定是 X，而且这个异常染色体会世代遗传下去。为什么能肯定病态染色体是 X 呢？哈代采用反证法来证明：假如病态染色体是 Y，女性就不会有色盲，因为女性的性别染色体中没有 Y。但是，女性有色盲存在，只是比男性色盲少而已。那么，为什么男性色盲比女性多呢？这是因为女性有两个 X，如果其中有一个异常、一个正常，仍然可以维持正常视力，称为"次正常"。这样，男性分为两类：正常和色盲；女性分为三类：正常、次正常和色盲。

　　其次，利用数学方法来估计下一代人中的色盲比例，从而达到解决上述棘手问题的目的。

　　第一步，假设和简化。

　　为了方便计算，首先需要进行如下的假设：

　　（1）在两类男性和三类女性之间，夫妇配对的机会是随机的；

　　（2）异常染色体（记作"X-"）在所有染色体 X 中所占比例都为 p，并且在男、女染色体中保持不变。

　　（3）父、母和子女中，男女出生比例均为 1：1。

　　第二步，建立数学模型并进行计算。

　　男性中有正常和色盲两类，分别用 F, S 表示，女性中有正常、次正常和色盲三类，分别以 Z, C, K 表示，则 F, S 在男性中所占比例分别为 $q, p(q = 1 - p)$，Z, C, K 在女性中的比例分别为 $q^2, 2pq, p^2$。因此，男、女中色盲者合起来占总人口的比例为 $\dfrac{p + p^2}{2}$。

　　接着，计算下一代色盲者占总人口的比例。注意这个比例是否与上一代相同，即是否都等于 $\dfrac{p + p^2}{2}$。

　　男、女配对有 6 种夫妇类型，在夫妇总数中各占比例如下：

　　第一类 (F, Z) 表示父母都正常，其所占比例为 q^3；第二类 (F, C) 表示父正常、母次正常，其所占比例为 $2pq^2$；第三类 (F, K) 表示父正常、母色盲，其所占比例为 $p^2 q$；第四类 (S, Z) 表示父色盲、母正常，其所占比例为 pq^2；第五类 (S, C) 表示父色盲、母次正常，其所占比例为 $2p^2 q$；第六类 (S, K) 表示父母均色盲，其所占比例为 p^3。

以下分类计算上述 6 类父母的子女中色盲的概率。

第一类夫妇 (F, Z)，显然子女中不会有色盲，其概率为 0。

第二类夫妇 (F, C) 子女的性别染色体有四种情况（如表 3-1）：

表 3-1　第二类夫妇（F, C）子女的性别染色体统计

母亲次正常 父亲正常	X	Y
X-	次正常女儿	色盲儿子
X	正常女儿	正常儿子

在表 3-1 中的四种情况中，有一种是色盲，即这类夫妇的子女中有 $\frac{1}{4}$ 是色盲者，则在下一代人口中所占的比例是 $\frac{1}{4} \times 2pq^2 = \frac{pq^2}{2}$。

第三类夫妇 (F, K) 子女的染色体也有四种情况（如表 3-2）：

表 3-2　第三类夫妇（F, K）子女的性别染色体统计

母亲色盲 父亲正常	X	Y
X-	次正常女儿	色盲儿子
X-	次正常女儿	色盲儿子

在表 3-2 中的四种情况中有两种是色盲，故这类夫妇的子女中有 $\frac{1}{2}$ 是色盲者，即在下一代人口中所占比例是 $\frac{p^2q}{2}$。

第四类夫妇 (S, Z) 子女的染色体也有四种情况（如表 3-3）：

表 3-3　第四类夫妇（S, Z）子女的性别染色体统计

母亲正常 父亲色盲	X-	Y
X	次正常女儿	正常儿子
X	次正常女儿	正常儿子

表 3-3 的四种情况中没有出现色盲，此类夫妇的子女不会有色盲，其概率为 0。

第五类夫妇(S,C)子女的染色体也有四种情况（如表 3-4）：

表 3-4 第五类夫妇（S，C）子女的性别染色体统计

母亲次正常 父亲色盲	X-	Y
X-	色盲女儿	色盲儿子
X	次正常女儿	正常儿子

从表 3-4 的四种情况中发现：这类夫妇的子女中有一半是色盲，即在下一代人口中所占比例是 $\frac{1}{2} \times 2p^2q = p^2q$。

第六类 (S,K) 的子女，显然一定是色盲，则其在下一代人口中占 p^3。

将以上 6 类（实际只有 4 类）夫妇的子女中色盲的比例相加：

$$\frac{pq^2}{2} + \frac{p^2q}{2} + p^2q + p^3 = \frac{pq(p+q)}{2} + p^2(p+q) = \frac{pq}{2} + p^2 = \frac{p(1-p)}{2} + p^2 = \frac{p+p^2}{2}$$

此即为下一代人口中色盲所占的比例。

第三步，得出结论。

从上述计算出的结果来看，我们可以惊奇地发现：它与上一代人（父母辈）中色盲所占的比例完全相同，都是 $\frac{p+p^2}{2}$。也就是说色盲虽然可以遗传给下一代，随着总人口的增加，色盲的绝对数量可能会增加，但是，色盲在每一代人口中的比例不会增大。所以，绝对不会因为色盲遗传而使全人类都变成色盲！由此，可以彻底地解决人们对色盲的担忧和疑虑。

三、干支纪法

"干支纪法"，也称为"干支纪元法"，是中国特有的一种准确实用的计算年、月、日和时的方法。干支是天干和地支的简称，用于计算年份的称为"干支纪年"，用于计算月份的称为"干支纪月"，用于计算日期的称为"干支纪日"，用于计算时间的称为"干支纪时"，其中，"干支纪年"和"干支纪日"在我们现在日常生活中使用的频率比较高。例如，如果去年是乙酉年，那么今年就是丙戌年。除此之外，每年入梅、出梅，入伏、出伏等也都与"干支纪日"有关。那么，"干支纪年"和"干支纪日"与数学有关系吗？不仅有，而且关系很大。

时间犹如一条无穷无尽的长河，日复一日，年复一年，不断向未来延伸。怎样分辨前天与昨天、前年与去年呢？又怎样来记载某年某月某日某时发生了某个重大事件呢？这确实是个难题。中国古代先人为此想出了一个绝妙的方法，即"干支纪法"。

"干支纪法"是中国古代劳动人民通过对天象的观察而总结出来的方法，人们发现太阳和月亮一年要会合 12 次，而且每次会合的位置都不同。于是，中国古人将太阳运行一圈的轨道分为 12 等份，称为"黄道十二宫"，并以"子、丑、寅、卯、辰、巳、午、未、申、酉、戌、亥"12 个地支来命名，代表一年的十二个月。为了纪年、纪日的需要，人们又以"甲、乙、丙、丁、戊、己、庚、辛、壬、癸"作为 10 个天干来命名（如表 3-5）。用 10 个天干与 12 个地支搭配起来，就能得到不同的干支名：甲子、乙丑、丙寅、丁卯，等等。因为天干与地支数目相差 2，所以循环搭配时，5 个天干，即甲、丙、戊、庚、壬，只能与 6 个地支，即子、寅、辰、午、申、戌，相配，得到 30 个干支名；5 个天干，即乙、丁、己、辛、癸，只能与 6 个地支，即丑、卯、巳、未、酉、亥相配，得到另外 30 个干支名。不同的干支名，有且只有 60 个，合称"六十甲子"（如表 3-6）。

表 3-5　天干与地支

名称	1	2	3	4	5	6	7	8	9	10	11	12
天干	甲	乙	丙	丁	戊	己	庚	辛	壬	癸		
地支	子	丑	寅	卯	辰	巳	午	未	申	酉	戌	亥

表 3-6　"六十甲子"表

甲子	乙丑	丙寅	丁卯	戊辰	己巳	庚午	辛未	壬申	癸酉
甲戌	乙亥	丙子	丁丑	戊寅	己卯	庚辰	辛巳	壬午	癸未
甲申	乙酉	丙戌	丁亥	戊子	己丑	庚寅	辛卯	壬辰	癸巳
甲午	乙未	丙申	丁酉	戊戌	己亥	庚子	辛丑	壬寅	癸卯
甲辰	乙巳	丙午	丁未	戊申	己酉	庚戌	辛亥	壬子	癸丑
甲寅	乙卯	丙辰	丁巳	戊午	己未	庚申	辛酉	壬戌	癸亥

中国古人用这 60 个干支，给每一天起了一个名字，依次称为：甲子日、乙丑日、丙寅日、丁卯日等等，直至癸亥日，这样，连续 60 天，每天都有不同的名字。周而复始，循环使用。

《春秋》曾经记载过一次日食，是发生在公元前720年2月22日，这被认为是中国第一个有记录的日食。从那时起，中国的干支纪日法连续使用了2000多年，直至清末从未间断过，也从未发生混乱。这是世界上最为成功、使用时间最长的纪日法。干支纪日法的设计，含有明显的组合学思想，这也是世界上应用组合学知识的最早范例。

干支纪日，60天为一个循环周期，大约是两个月，既方便记忆，又能区分相继两个甲子周期中同一日名的不同季节、不同景象，不至于弄错。

从东汉《四分历》颁行的那一年开始，中国古人使用干支纪年法。这一年是东汉元和二年（85年），纪年的干支名为乙酉。此后，干支纪年法一直用到现在。历史上发生的一些重大事件，也大多用事发当年的干支纪年来命名，如"辛亥革命""戊戌变法"等等。

干支纪年，60年为一个循环周期，大约是古人的一生。古人到了60岁，也称为"六十花甲"，这在古代已是年龄比较高的，所以古语说："人生七十古来稀"，可见那时超过70岁的人很少。现在社会进步了，中国人的平均寿命已经大大提高。自古以来，中国人对于过了60岁，即又回到出生时的那个干支年，俗称"花甲重逢"，为此常举行一些有关庆寿的活动，直到现在。

今天，中国古人所创造的干支纪年法和干支纪日法仍然在使用。

（1）推算出历史上任何一年的干支纪年

由于中国古代很早就一直使用干支纪年法，因此，根据干支名，可以准确知道一些历史事件发生的年代。公元4年是甲子年。如果要推算公元 N 年的干支名，它在最近一个甲子周期中的序号为 $b(0 \leq b < 60)$，则其计算公式为：$b = N - 60q - 3$，其中 q 是正整数。也可以用带余除法来推算：求 $N-3$ 被60除后所得的余数。

例如，推算1937年的干支纪年：

$$1937 - 3 = 1934 = 60 \times 32 + 14。$$

因此，1937年在最近的甲子周期表中，是第14个干支纪年——丁丑，即1937年是农历丁丑年。

不过有两点需要注意：

第一，一个公历年跨越两个农历年，一般是以该年春节后的新农历年的干支纪年与之相对应；如果一个事件发生在某年的1月或2月，那么，就要查万年历才能确定它所对应的干支年号。

第二，按照国际惯例，公元元年（1 年）的前一年，是公元前 1 年（-1 年）。所以，推算公元前某年的干支年号时，要再减去 1 年。

（2）帮助认识中国农历的相关知识

现在，农历的某些节令仍然是按照干支纪日法来确定的。例如，每年的"入梅"规定为芒种后第一个"丙"日（天干为丙）；"出梅"规定为小暑之后的第一个"未"日（地支为未）。所以，每年"梅天"的日数不是固定的。一般地，"入梅"约在每年 6 月中上旬，"出梅"约在每年 7 月中下旬。

四、冬至点的测量

中国自古就是一个农业大国，农业收成与一年四季的更迭关系极大。因此，历法是古人非常关注的一件大事。而古代统治阶级为了取信于民、维护统治等，更加重视历法的制定。

历法是在人类生产与生活中逐渐形成的，以使用方便为目的，按一定法则，科学地安排年、月、日的时间长度和它们之间的关系。简单地说，历法就是年、月、日和节气安排的时间表。但是，时间无头无尾，不断流逝，如何进行测定和记录呢？中国古人发现：将一根圭表（测量日影长短的标杆）竖直立于地上，一天之中，观察它在正午时刻的影子长度，在一年之中，冬至日的影子最长，然后逐渐缩短；夏至日的影子最短，然后又逐渐拉长，周而复始。由此，古人发现圭表影子呈周期性变化，为了计算这个周期，诞生了回归年概念。那么如何计算一个回归年呢？中国古人是这样计算的：一个回归年，就是以冬至的起始时刻为起点到下一次冬至的起始时刻的时间间隔。这是因为考虑到冬至日的影子最长，容易测量。测量冬至点的日影长度以确定一个回归年的开始时刻，也就成了天文历法的重要工作。但是仅凭测量圭表影长来确定冬至点的做法，是不准确的。

第一，这只能确定冬至那一天正午的圭表影子最长，但不能确定冬至点所在的时刻。而一般说来，冬至点并不一定在正午。事实上，一年大约有 $365\frac{1}{4}$ 日，如果第一年冬至点在正午，第二年就应在傍晚，第三年在半夜，第四年在早晨。所以，即使冬至点有可能在某年的正午，也要连续进行四年测量才能确定。

第二，这只能在冬至日附近，连续多天天气晴好才行。如果遇到天气不好，如下雨、下雪或天阴，都无法进行日影的测量。如果这样，那么又要重新开始进行连续四年的测量。

在祖冲之之前，冬至点的确定虽然有测量数据为依据，但实际上不是测量出来的，而是估计出来的。如果冬至点的测量（估计）出现误差，那么必然会造成回归年长度的不精确，从而影响到历法为农业生产服务的根本宗旨。假如每年只差 $\frac{1}{10}$ 日，那么过了 50 年后，积累的误差就相当大，即一年就要相差 5 日。到了这时，这部历法就不再能反映季节的变化，更不能预报日食、月食等天文现象，这要求必须修改历法。因此，如何能准确地测量冬至点，就成了历代天文学家、数学家关注的重大问题。祖冲之为此作出了巨大的贡献。

祖冲之是中国古代最伟大的数学家和科学家之一。他算得圆周率七位小数近似值，并用分数 $\frac{355}{113}$ 作为圆周率的分数近似值，仅凭这两项数学成就，他就足以进入世界最伟大的科学家之列。如今，月球上有一座环形山以祖冲之的名字命名。

祖冲之巧妙地测量冬至点的方法是这样的：为了制定新的历法，他于 461 年冬至前后的一个半月内，选了三个晴天，进行了三次正午圭表影子长度的测量，具体数据（日期为农历）如下（如图 3-13）：

十月十日（A）——影长 10.7750 尺（a）

十一月廿五日（B）——影长 10.8175 尺（b）

十一月廿六日（C）——影长 10.7508 尺（c）

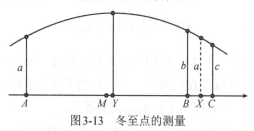

图 3-13　冬至点的测量

为了简化计算，祖冲之做了如下的假设：

第一，在冬至前后日影长度关于冬至点是对称的；

第二，在一天之内，日影变化是线性的，即它的长度与时间成比例。

设冬至点为 Y，AB 的中点为 M，X 为点 A 关于 Y 的对称点，则

$$BM = \frac{1}{2}AB = \frac{1}{2}(AX - BX),$$

而

$$BM = BY + MY = \frac{1}{2}AX - BX + MY,$$

得

$$\frac{1}{2}AX - BX + MY = \frac{1}{2}(AX - BX)$$

即

$$MY = \frac{BX}{2},$$

由此，可以推算来确定冬至点。

由"在冬至前后日影长度关于冬至点是对称的"假设，又 $b > a > c$，所以，A 点关于冬至点 Y 的对称点 X 应在 B 点与 C 点之间。我们注意到：B 点（十一月廿五日）到 C 点（十一月廿六日），正好是一整天。

再由"在一天之内，日影变化是线性的，即它的长度与时间成比例"的假设，则应有

$$\frac{BX}{XC} = \frac{b-a}{a-c} \text{ 或 } \frac{BX}{BC} = \frac{b-a}{b-c}。$$

中国古代计时制度是：一天分为 100 刻（$= BC$）。于是

$$BX = BC \times \frac{b-a}{b-c} = 100 \times \frac{10.8175 - 10.7750}{10.8175 - 10.7508} = 100 \times \frac{0.0425}{0.0667} \approx 64 \text{（刻）,}$$

$$MY = \frac{BX}{2} = 32 \text{（刻）。}$$

因为 M 点是（农历）十一月初三日凌晨，故这一年的冬至点是十一月初三日凌晨后 32 刻。换成现在的时间，大约相当于早晨 7 时多。

祖冲之测量冬至点表现出了他的高超的智慧：

第一，他的两个假设是合理的，符合实际情况。这样，原来仅靠经验和估计来测算冬至点的传统方法建立在数学理论基础之上，成为科学测算方法。

第二，方法简单易行。它使冬至点的测算不受天气影响，且大大缩短了测算时间：从四年或更长时刻，缩短到在一年之内完成。实际测量时，只需要在冬至前后大致对称的时段里，分别测算连续多日正午的日影长度；然后选取三个数值 a,b,c（其中有连续两天），使 $b>a>c$ 即可。

第三，可以大大提高测量的精确度。传统冬至点的测量方法，只能精确到 1 天以内，而祖冲之的测算法，则可以精确到 1 刻以内（1 刻 $=\dfrac{24\times60}{100}=14.4$ 分钟）。

正因为如此，祖冲之首创的冬至点的测算法，一直为以后历代制定历法者所尊崇和采用。祖冲之对冬至点的测算精确可靠，因而他据此制定的历法——《大明历》所定的回归年和朔望月的数值，都达到了前所未有的精确度。

第五节　数学技术是高新技术的核心

高新技术是指包含密集科学知识的新兴技术或尖端技术，一般会对国家的经济、军事产生重大的影响，具有较大的社会、经济作用。高新技术的核心是数学技术。

由于电子计算机的发明和普及应用，人类从 20 世纪中叶起，就逐渐进入信息时代。这个时代的特征是：原来手工操作的信息加工处理工作，改由电子计算机来完成。因此，各个学科原来无法完全解决的困难而复杂的问题，现在能通过建立数学模型，利用计算机来处理和解决，这种方法称为"计算机实验"或"计算机仿真实验"。实际上，计算机实验本身就是一种数学技术，所以也称为"数学实验"。

例3-9　计算机模拟风洞实验。

风洞实验是指在风洞中安置飞行器或其他物体模型，研究气体流动及其与模型的相互作用，以了解实际飞行器或其他物体的空气动力学特性的一种空气动力实验方法。风洞实验的开创者是美国莱特兄弟。风洞实验因其优点而在空气动力学的研究、各种飞行器的研究，以及其他同气流或风有关的领域中都有广泛的应用。因此，不少航空、航天工程都要做大型的风洞实验，然而风洞实验的最大缺点是其投资和消耗非常大。计算机有助于克服风洞实验的这个缺点，也就是在计算机上设计"数值风洞"，进行计算机模拟实验，从而获得大量实验数据，这样可以大大减少实际风洞实验的次数，节省人力、物力和经费开支。

例 3-10 核爆炸实验。

核爆炸是剧烈核反应中能量迅速释放的结果，它是原子核裂变、核聚变或者这两者的多级串联组合所引发的连续反应，如原子弹、氢弹的爆炸等。核爆炸由于具有巨大的能量，在造福人类的同时，也可能造成事故，如苏联的切尔诺贝利核事故、日本的福岛核事故等。因此，核爆炸实验对于研究核爆炸是必不可少的环节。但是核爆炸实验，不仅代价大，而且因为爆炸中心区的温度太高，不易收集到实验数据，无法了解核爆炸规律。现在用计算机模拟实验，就能够解决上述难题。根据实验的数据，可以给出核爆炸过程的各个细节，真切地了解核爆炸的规律。

除上述两个例子之外，还有数字电视、数字通信技术等，数学实验已经广泛应用到国防、医药和其他方面。

例 3-11 从烽火台到电视现场直播。

为了边境的安全需要，中国古代从边塞到京城，每隔一段路就修建一座烽火台。修建烽火台的目的是：一旦边境有紧急军情，就点燃烽火台上的狼烟，节节传报，由此可以把边境紧急军情迅速传递到京城。这是一种最古老的信息传递方式。但是，它只能够传递两种信息：不点狼烟表明边关没有紧急军情，平安无事；有狼烟表明边关有紧急军情。

假如用数码"0"表示无军情，用"1"表示有军情，那么只要连通一根电线，用开关控制另一头的一个电灯泡——"亮"与"不亮"，就可以构成这一信息传输系统。如果还要知道边关的天气情况——阴、晴、雨、雪 4 种，那么用两个"一位数"就不够了，要用四个"两位数"："00"代表阴天，"01"代表晴天，"10"代表雨天，"11"代表雪天。若用电灯泡"亮"与"不亮"来表示"1"和"0"，那么，在电线的另一头需要再增加两个电灯泡。要是还需要知道边境当地的风力大小：从 1 级到 8 级，那么，又要用三位数码，即 $2^3 = 8$，这样就可以用 000、001、010、011、100、101、110、111 来分别表示 1 级到 8 级的风力。于是，我们就能够用电线连接的 6 只电灯泡，构成可以传输信息的传输系统。例如，某日收到边关发来的电信号为"010010"，进行翻译就知道这天边关的信息是：无军情（0），有雨（10），风力3级（010）。这里的数字是二进制的，只用两个数码0和1即可。这就是电子计算机使用二进制的原因：电子传输只能够传输两种信号——开（通电）和关（不通电）。

我们通常使用的是十进制数码系统，但很容易将十进制数与二进制数进行互相转换。因此，在进行数字程序设计时，只要把十进制数写成二进制数，就可以进行电子传输了。这就是信息数字化传输的基本原理。上述数字化原理，加上电子技术，便可以进行彩色信号传输，设计出彩色电视现场直播，方法如下：

把可见光波段分为10000等份，那么每一份就成了一个色点。将这些彩色点依次编号：1,2,…,10000，再将这些编号的数字改写成二进制数字，于是每一个（二进制）数字，就对应为一个色点。

再将一幅彩色画面（或实际场景）横竖各分成10000等份，这幅画就被分成了10000×10000格，每一格也就成了一个色点。通过电子眼扫描，彩色点变成对应的（二进制）数字，从而转化为"数字画面"。这样，"数字画面"就可以通过电信号传输到远处的电视接收系统，然后再还原成彩色画面。这就是电视现场直播的科学原理。

这种数字化电视传输技术，还可以通过增加划分的格数来提高清晰度，以及色彩的分辨率。这就是数字化技术的重要优点之一。

第四章 文学与数学

文学主要是利用形象思维而进行创作的语言艺术，而数学则主要利用抽象思维，从表面上来看，两者的关系不大。但是，近些年来，随着数学方法逐渐向人文社会科学领域渗透，人们开始用数学推理和电子计算机进行文学研究，这大大增加了文学与数学的联系。实际上，数学和文学的关系非常密切，两者有互通性、相关性。中国著名作家王蒙认为：最高的数学和最高的诗一样，都充满了想象、智慧、创造、和谐与章法，也都充满了挑战。诗和数学又都充满灵感和理性，都充满人类的精神力量。

第一节 关于文学的若干问题

文学研究的问题很多，下面只提及文学的若干主要问题，包括：文学是什么？什么是文学形象？什么是文学批评？这些问题可能涉及文学的本质问题，同时也或多或少与数学有着某种牵连，例如，用数学来分析文学作品，这可以为文学批评提供理性依据；文学创作过程中除了形象思维之外，还表现出一种理性的规律。

一、文学是什么

"文学"一词，早在春秋战国时期就已经开始出现，当时是指一切文化艺术的总称，泛指一切类型的著作，包含诗歌、散文、哲学、历史等。魏晋南北朝时期，随着文学的发展，人们对文学有了更加明确的认识，这时人们自觉地把文学和社会科学区分开来。现在，文学指用语言塑造形象来反映社会生活、表达作者思想感情的一种社会意识形态。

文学又称文艺学，包括三门相对独立的科学，即文学理论、文学史和文学批评。这三门科学都是以文学现象作为自己的研究对象。而文学现象是经过人们的文学实践而产生的一种客观存在的实际现象。

文学是社会生活在作家头脑中反映的产物，是一种社会意识形态。在阶级社会中，作家总是站在一定的阶级立场去认识生活，并且艺术地表现生活。[1][2]

二、什么是文学形象

"形象"这个概念有不同的使用范畴，如哲学的范畴和文学的范畴。哲学范畴的形象是指客观事物在人们意识中所反映出来的模样，而文学范畴的形象，是指文学家在现实生活基础上，用语言创造出来的具体、生动、可感的人或物。例如，《红楼梦》中的贾宝玉、林黛玉，并非当时生活中实际存在的一对贵族青年男女，而是曹雪芹笔下创造出来的文学形象。

文学形象可归结为：第一，形象的本义是指人或物的形体、相貌，通过语言把生活中的人或物描绘在作品中，再现了人或物的具体性、生动性和丰富性。第二，文学作品中描绘的文学形象包括人、物和环境，它们共同构成形象体系，表现人生图画。第三，从狭义上看，文学形象特指文学作品中的人物形象。由此决定了文学形象的基本特征是：描写的生动性，艺术的概括性，审美的感染力。

社会生活是文学创作的唯一源泉，但这需要经过作家创造性的劳动。作家首先选取生活素材，然后对其进行分析、概括、加工、提炼，最后完成文学形象的塑造，其中主要是进行形象思维。一方面，文学中的形象思维要依循一般的思维规律，即从感性认识上升到理性认识，在理性认识阶段要运用概念来进行判断和推理。另一方面，文学中的形象思维又与一般的思维活动存在区别。第一，在整个文学创作过程中，思维活动不仅结合具体的形象来探究事物的本质，同时思维活动又对具体的形象进行艺术加工，经过典型化，使其从生活形象转化为艺术形象。第二，艺术想象在文学的形象思维中起巨大的推动作用。第三，情感激发艺术想象，参与创作活动，并构成艺术作品的重要内容因素。第四，在思维活动中，有塑造艺术形象所需要的特殊表现手法与之相联系。[3]

① 江建文，孙景尧，罗启业. 文学概论问答. 南宁：广西民族出版社，1987：1-2.
② 方可畏，严云受. 文学概论. 合肥：安徽教育出版社，1987：9-23.
③ 栾昌大，冯贵民，等. 文学理论问题解答. 长春：吉林文史出版社，1986：47-48.

三、什么是文学批评

文学批评指的是对一定文学现象的认识和评价。文学现象一般比较复杂，要能够正确地认识和评价它，往往要从多个不同的角度来分析、理解和评价。一般地，文学批评从以下几个方面来进行：

1. 全面考察作家及其作品

文学批评要把作品与它所反映的客观实际联系起来，把作品与它所产生的时代环境、历史条件联系起来，把作品与作家的世界观、生活经历、风格特点联系起来，对作品思想和艺术进行具体、细致的分析和评价。

2. 坚持历史发展观

文学批评要把作家和其作品放到一定的历史背景来考察和评价。批评首先应该依据历史，不能用今天的尺度来衡量历史上的作家和作品，坚持用历史发展观进行文学批评。

3. 理性看待作品的客观效果与作家创作动机之间的关系

文学批评往往有动机和效果两个方面，它们既有区别，又有联系。从作家的创作意图到形成作品，再到作品为读者所接受，其动机和效果对读者都产生影响，其间经过一系列的环节，变化多端，情况复杂，这样，动机与效果之间经常出现矛盾。因此，文学批评应正确处理动机与效果的关系，不能用效果去否定动机，进而否定作家及其作品。

上面提到文学的若干问题，只是部分地反映文学的一些相关内容。但是可以发现，数学可以通过某些方式与这些文学的相关内容关联起来，如文学创作运用到数学，以及运用数学来分析和评论文学作品等。

第二节　文学中的数学

文学和数学都与现实世界的事物以及人们的生活有关，两者之间形成了一些交集，这样，很多文学在创作中吸纳了一些数学中的有趣问题，文学所创作的意境有时也与数学思想相类似，这些往往能提高文学的艺术性，这已被作家或诗人关注。但是，作家利用数学进行文学创作时需要具备一定的数学素养，否则可能出现一些常识性的问题，从而给文学作品带来负面影响。

一、文学作品与数学

一般地，优秀的文艺小说可以震撼人心，使人明理，具有一定艺术价值，作品所深藏的含义往往会随着历史、政治、文化等因素的进步而显现出来。很多文艺小说常常会含有许多数学的有趣问题，但有的文艺小说也会出现数学错误现象。

1.《红楼梦》中的掷骰子问题

掷骰子是人们生活中喜欢的一种常见游戏，经常被作家写入其文学作品中，从而增添作品的趣味性。《红楼梦》有多次描写掷骰子游戏的故事情节，其中以第 63 回最为集中。大体的意思是：宝玉生日当晚，众人以投掷四颗骰子为游戏。下面来进行分析。四颗骰子的点数，共有 21 种情况：从 4 点到 24 点。从概率论的角度来看，每种情况出现的概率并不相同。为了便于理解，我们先来研究两颗骰子的情况。两颗骰子点数的搭配，共有 36 种情况（如表 4-1）：

表 4-1　两颗骰子的点数搭配统计表

两颗骰子点数之和 x	搭配情况	搭配个数 $f(x)$
2	(1,1)	1
3	(1,2) (2,1)	2
4	(1,3) (2,2) (3,1)	3
5	(1,4) (2,3) (3,2) (4,1)	4
6	(1,5) (2,4) (3,3) (4,2) (5,1)	5
7	(1,6) (2,5) (3,4) (4,3) (5,2) (6,1)	6
8	(2,6) (3,5) (4,4) (5,3) (6,2)	5
9	(3,6) (4,5) (5,4) (6,3)	4
10	(4,6) (5,5) (6,4)	3
11	(5,6) (6,5)	2
12	(6,6)	1
小计		36

由此，可以计算出各种点数的概率，我们用 $P(x)$ 表示出现 x 点的概率（如表 4-2）：

表 4-2 两颗骰子出现的点数概率分布表

点数 x	2	3	4	5	6	7	8	9	10	11	12
搭配个数 $f(x)$	1	2	3	4	5	6	5	4	3	2	1
点数概率 $P(x)$	$\frac{1}{36}$	$\frac{1}{18}$	$\frac{1}{12}$	$\frac{1}{9}$	$\frac{5}{36}$	$\frac{1}{6}$	$\frac{5}{36}$	$\frac{1}{9}$	$\frac{1}{12}$	$\frac{1}{18}$	$\frac{1}{36}$

从表 4-2 来看，投掷两颗骰子出现 7 点的概率最大，其概率为 $\frac{1}{6}$；出现 2 点和 12 点的概率最小，其概率为 $\frac{1}{36}$。

以此来进一步分析：投掷四颗骰子哪种点数出现的概率最大呢？

不妨将这四颗骰子分成两组：第一组骰子的点数搭配有 36 种，第二组骰子的点数搭配也有 36 种。这样，这四颗骰子的点数共有 $36 \times 36 = 1296$ 种不同的搭配。

现在来求当 $p = m + n (2 \leqslant m, n \leqslant 12)$ 时，四颗骰子的点数的不同搭配数 $F(p)$。现以计算 $F(10)$ 为例。

我们这样来考虑：这 10 点是第一组 m 个点与第二组 n 个点之和：$m + n = 10$，其中 $2 \leqslant m, n \leqslant 12$。那么，$m$ 与 n 搭配有以下 7 种情况：

$$m + n = 2 + 8 = 3 + 7 = 4 + 6 = 5 + 5 = 6 + 4 = 7 + 3 = 8 + 2 。$$

但对第一组 m 点来说，它是两颗骰子点数之和，又有 $f(m)$ 种不同情况。第二组 n 点也有 $f(n)$ 种不同情况。因此，按照加法原理和乘法原理，四颗骰子的点数之和为 10 的所有不同搭配数为：

$$F(10) = f(2) \times f(8) + f(3) \times f(7) + \cdots + f(8) \times f(2)$$
$$= 2 \times (1 \times 5 + 2 \times 6 + 3 \times 5) + 4 \times 4$$
$$= 80$$

因此，四颗骰子掷出 10 点的概率是：

$$P(10) = \frac{80}{1296} 。$$

同样地，对于 18 点，即 $m + n = 18$，其中 $2 \leqslant m, n \leqslant 12$。那么 m 与 n 搭配也有以下 7 种情况：

$$m + n = 6 + 12 = 7 + 11 = 8 + 10 = 9 + 9 = 10 + 8 = 11 + 7 = 12 + 6 。$$

则

$$F(18) = f(6) \times f(12) + f(7) \times f(11) + \cdots + f(12) \times f(6)$$
$$= 2 \times (5 \times 1 + 6 \times 2 + 5 \times 3) + 4 \times 4$$
$$= 80$$

因此，四颗骰子掷出 18 点的概率是：

$$P(18) = \frac{80}{1296}$$

也就是四颗骰子掷出 10 点与 18 点的概率相等。

　　用同样的方法可以算出：一次掷出四颗骰子，出现 14 点的概率最大，而 4 点和 24 点出现的概率最小，6 点出现的概率 $P(6) = \frac{10}{1296}$。投掷 8 次，出现 2 次 6 点的概率 $P_8(6)$，按二项分布来计算不足 0.2%，即很难实现。[①]

　　2.《红楼梦》中的生日问题

　　每个人都有自己的生日，在日常生活中往往有一些关于生日的有趣故事。因此，文学作品经常以生日为题材来进行创作。《红楼梦》中关于生日问题的描写，也与概率有关。《红楼梦》第 62 回这样写道：

　　　　探春笑道：倒有些意思，一年十二个月，月月有几个生日。人多了，便这等巧。也有三个一日的，两个一日的。大年初一日也不白过，大姐姐占了去。怨不得他福大，生日比别人就占先。又是太祖太爷的生日。过了灯节，就是老太太和宝姐姐，他们娘儿两个遇的巧。三月初一日是太太，初九日是琏二哥哥。二月没人。

　　这涉及一个数学问题：至少在多少人中，两个人的生日相同的可能性才比较大（大于 0.5）？例如，在 30 人中有两个人的生日相同，这有可能吗？不少人以为，这不可能。而事实上不仅可能，而且可能性还相当大。那么，怎样来计算这种可能性呢？

　　我们从反面来思考这个问题，即在 30 人中没有人生日相同的概率有多大？

　　第一个人的生日有 365 种可能的选择。在满足没有人生日相同这个条件

---

① 汪文亮. 也谈《红楼梦》中的掷骰子问题. 中学数学教学，2005，（5）：20-23.

下，第二个人的生日只有 364 种选择。同理，第三个人的生日的选择，只有 363 种，如此等等，直到第 30 个人，他的生日则只有 336（=365−29）种选择的可能。于是，这 30 个人的生日完全不同的概率为

$$P'=\frac{365\times364\times\cdots\times336}{365^{30}}<30\%。$$

因此，30 人中至少有两人生日相同的概率为

$$P=1-P'>70\%。$$

这一结果可能会出乎许多人的预料。但这是科学的结论，是不容置疑的。

3.《镜花缘》中的灯球问题

清代有一部著名的古典小说——《镜花缘》，其作者是李汝珍，是一位具有较高的多方面的文化修养的作家，其中包括数学修养。在《镜花缘》第 93 回"百花仙即景露禅机，众才女尽欢结酒令"中，作者将中国古代传统数学巧妙地融入文学作品中，为《镜花缘》增加了不少的趣味性，同时也引发了历代读者浓厚的兴趣。第 93 回一开始就这样写道：

话说兰芬道：怪不得姐姐说这灯球难算，里面又有多的，又有少的，又有长的，又有短的，令人看去，只觉满眼都是灯，究竟是几个样子？

宝云道：妹子先把楼上两种告诉姐姐，再把楼下一讲，就明白了。楼上灯有两种：一种上做三大球，下缀六小球，计大小球九个为一灯；一种上做三大球，下缀十八小球，计大小球二十一个为一灯。至楼下灯也是两种：一种一大球，下缀二小球；一种一大球，下缀四小球……

宝云道：姐姐能算这四种灯各若干么？兰芬道：算家却无此法。因想一想道：只要将楼上大小灯球若干，楼下灯球大小若干，查明数目，似乎也可一算。宝云命人查了：楼上大灯球共三百九十六，小灯球共一千四百四十；楼下大灯球共三百六十，小灯球共一千二百。兰芬道：以楼下而论，将小灯球一千二百折半为六百，以大球三百六十减之，馀（余）二百四十，是四小球灯二百四十盏；于三百六十内除二百四十，馀一百二十，是二小球灯一百二十盏。此用雉兔同笼算法，似无舛错。至楼上之灯，先将一千四百四十折半为七百二十，以大球三百九十六减之，馀三百二十四，用六归：六三添作五，六二三十二，逢六进一十，得五十

四，是缀十八小球灯五十四盏；以三乘五四，得一百六十二，减大球三百九十六，馀二百三十四，以三归之，得七十八，是缀六小球灯数目。

这个"兰芬妙算灯球"的故事情节源自中国古代一道经典的数学问题。实际上，兰芬将小球看作是大球的"腿"，大球下缀的两个小球看作是"鸡"，下缀的 4 个小球就是"兔"。这样，就同"雉兔同笼"联系起来。"雉兔同笼"是中国的古算书《孙子算经》中的一个算题：

今有雉兔同笼，上有三十五头，下有九十四足，问雉兔各几何？答曰：雉二十三，兔一十二。术曰：上置三十五头，下置九十四足，半其足得四十七，以少减多。再命之。上三除下三，上五除下五，下有一，除上一，下有二，除上二，即得。又术曰：上置头，下置足，半其足，以头除足，以足除头，即得。（图4-1）

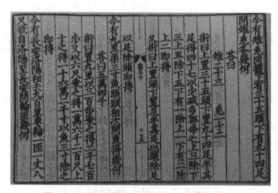

图4-1　《孙子算经》中的"雉兔同笼"

于是，就可以按照《孙子算经》中的算法得出灯的数目。对于楼上的灯数，可以用代数方法。设三个大球下缀六个小球的彩灯有 x 盏，另一种灯有 y 盏。那么根据条件，就有：

$$\begin{cases} 3x + 3y = 396 \\ 6x + 18y = 1440 \end{cases}$$

解方程组，得 $x = 78, y = 54$。因此，楼上彩灯总数为 $78 + 54 = 132$（盏）。

4. 数字联与数字诗

所谓数字联，就是在对联中嵌入数字，使数量词在对联中具有某种特殊的意义。用数量词组成的对联的作用主要有：创造形象和意境、加大对仗难度、进行数学运算、连续嵌入自然数等。这样,枯燥乏味的数字经文人之手,嵌入对联之中,就会产生意想不到的奇妙效果,也使对联朗朗上口。虽然数字联看上去只是由几个数字组成,但是其却具有深藏不露的意义,成为中国重要的传统文化之一。同样,数字也被用在诗词创作中,称为数字诗。

例 4-1 "千叟宴"中的数字联。

乾隆曾举办过"千叟宴"。据说,座位中有一位老者,其年龄有 141 岁。乾隆很高兴,即兴出了上联:"花甲重开,外加三七岁月",要求纪晓岚对出下联。纪晓岚略加思索,应声答道:"古稀双庆,内多一度春秋"。这里面就包含数字:

一个"花甲",即一个甲子,是 60 岁。乾隆的上联说的是这样一个数学等式:

$$60 \times 2 + 3 \times 7 = 141。$$

"古稀"是对七十岁人的称呼。所以纪晓岚的下联,说的也是一个数学答案:

$$70 \times 2 + 1 = 141。$$

总之,此副寿联,上下两联都暗含了 141 这个数字的算式,非常巧妙。这说明作者确实有一定的数学修养。

例 4-2 邵雍的数字诗。

北宋时期,邵雍用数字创作了《山村咏怀》:

一去二三里,烟村四五家。

亭台六七座,八九十枝花。

邵雍将"一"到"十"这 10 个数字全用到诗的创作上,用数字反映远近、村落、亭台和花等景物,描绘出一幅生机勃发的田园春景图。此诗通俗自然,脍炙人口。

例 4-3 郑板桥的数字诗。

清代,郑板桥用数字创作了《咏雪》:

一片两片三四片,五六七八九十片。

千片万片无数片,飞入梅花总不见。

这首诗的巧妙之处在于将数字融入诗中,用雪花片的数量词写成诗,形象地描绘飞下的雪片由少到多,飞入梅林,并借此赞美梅花的气概。

二、中国古代文学中的数学思想

前文提到中国著名作家王蒙关于文学与数学之间紧密联系的观点，这在中国古代一些文学作品中有所反映。例如，李白的诗句："孤帆远影碧空尽，唯见长江天际流。"这体现了极限的动态过程，将抽象的极限具体化，使得人们感到一种由数学联想带来的愉悦。又如宋朝叶绍翁的《游园不值》："春色满园关不住，一枝红杏出墙来。"这生动地描述了变化的状态：无论园子有多大，红杏都会出墙，即至少有"一枝"红杏不能被围住，与数学中无穷思想有类似的境界。可以说，中国古代数学思想或多或少地都会被运用到中国古代文学作品中。

"墨家"和"名家"的著作中包含有理论数学的萌芽。《墨经》讨论了某些形式逻辑的法则，并在此基础上提出了一系列数学概念的抽象定义，涉及"有穷"与"无穷"。《庄子》记载有惠施的观点："至大无外谓之大一，至小无内谓之小一"，这里"大一"与"小一"含有无穷大与无穷小的意思。下面以《西游记》来看中国古代关于无穷大与无穷小思想以及微积分思想。①

1. 无穷小（"至小无内"）

《西游记》有这样的故事情节：孙悟空从龙王那里拿到如意金箍棒，回到花果山。他向众猴展示他从龙王那里拿到的宝贝，将两丈长的金箍棒变成了绣花针一样大小，并将其塞进耳朵里藏起来。

《西游记》中的这段情节体现了中国古代对于无穷小的理解和认识，其中包含了无穷小即"至小无内"的定义和极限、瞬时等概念。实际上，现代微积分中关于无穷小的定义：以 0 为极限的变量，称为无穷小量。对于任意给定的正数 ε，如果在变量 y 的变化过程中，总有那么一个时刻，在那个时刻以后，不等式 $|y| < \varepsilon$ 总是成立，则称变量 y 为无穷小量，即 $\lim y = 0$。在这里，对任意给定的一个充分小量 ε，即用绣花针来反映，其中孙悟空口中念道的"小！小！小！"就是反映变量金箍棒的变化过程，总有那么一个时刻，金箍棒可以比绣花针还小，可以塞进耳朵里面藏起来。

---

① 周海兵. 从《西游记》看中国古代微积分思想. 高等函授学报（自然科学版），2013，26（2）：66-68.

2. 无穷大（"至大无外"）

《西游记》有这样的故事情节：孙悟空从祖师那里学习筋斗云秘诀，一个筋斗就可以飞行十万八千里路。

《西游记》用"十万八千里路"来反映作者对于无穷大量的理解。实际上，现代微积分中关于无穷大量的定义：如果对任意给定的正数 M，变量 y 在其变化过程中，总有那么一个时刻，在那个时刻以后，不等式 $|y| > M$ 总是成立，则称变量 y 为无穷大量，或称变量 y 趋于无穷大，记作 $\lim y = \infty$。

3. 无穷大量的比较

《西游记》有这样的故事情节：孙悟空与哪吒打斗，孙悟空使用金箍棒，哪吒使用"六般兵"，两者在半空中打斗，但不分胜负。这里的"金箍棒"与"六般兵"成为无穷大量的代名词，并且涉及无穷大量比较的问题。而微积分中关于无穷大量的比较，称为"未定式"：两个无穷小量之比的极限或两个无穷大量之比的极限，记作 $\dfrac{0}{0}$ 或 $\dfrac{\infty}{\infty}$，我们可以利用中值定理推导出一个求未定式极限的法则——洛必达法则，去求解。比较的结果 $\lim \dfrac{f(x)}{g(x)} = \lim \dfrac{f'(x)}{g'(x)} = A$，是一个常数，可以认为两个无穷大量的"金箍棒"与"六般兵"旗鼓相当，因此，他们打斗不分胜负。

另外，两个无穷大量的比较也体现在：孙悟空大闹天宫时与佛祖斗法，孙悟空如果能从佛祖的手掌中跳出，算是孙悟空胜。对于这场赌局，孙悟空自认为筋斗是无穷大量，怎么可能跳不出佛祖手掌呢？但是孙悟空没有想到的是：佛祖的手掌也是无穷大，且比筋斗更大。实际上，从数学的角度来看，两个无穷大量可以通过比较而能够计算出其"大小"。

第三节　数学是文学作品研究的一种工具

文学作品作为一种人类精神财富，人们必然要对文学作品进行研究，尤其是优秀的文学作品，对其各种文学现象进行分析、评价等，这是文学理论的一个重要组成部分。对文学作品的研究自然会涉及其所运用的方法，其中包括数学方法，由此人们可以对于文学作品研究有些理性的认识，同时也引发了人们对文学作品的关注和争论。

一、小说作者的考证

近几十年来人们发现，语言学中的一些现象可以用数学方法来处理。这种语言现象就是：一个人的（书面、口头）语言在使用某些词语时表现出稳定的频率，但是每个人使用某些词语的频率是不同的。因此，研究者可以用某些常用语词在语言中所出现的频率来刻画某个人的语言特点，从而可以根据某些语词所出现的频率来判定一篇文章或一本书的作者。这就是近些年来才形成的一门新的学科——语言统计学。下面以《红楼梦》这部文学名著来说明语言统计学在文学作品研究中的应用。

《红楼梦》是清代的一部具有世界影响力的文学作品，引发学术界对其进行专门的研究，形成了所谓的红学。其中，《红楼梦》作者的考证是学术界关注的内容之一。一般认为，《红楼梦》共有 120 回，前 80 回的作者是曹雪芹，但是后 40 回的作者是谁呢？莫衷一是。虽然现在正式出版的《红楼梦》的作者写的是曹雪芹和高鹗合著，但是有人却不以为然。于是，许多研究和考证文章就出来了，然而，一直到现在，对此问题仍没有明确的答案。近些年来，研究者开始将语言统计学的方法运用到《红楼梦》研究，得出了意想不到的结论。

赵冈研究《红楼梦》的基本思路是：选择"儿、在、事、的、著"这五个字作为样本，对《红楼梦》的前 80 回和后 40 回分别进行统计，计算它们的频率、标准差和变异系数。研究发现："儿、在、事、的、著"五个字在前 80 回与后 40 回，其使用频率差不多，比较稳定。于是结论是：书的这两部分纵然出于两个人之手，在语言习惯上也基本相同。

李贤平进一步运用语言统计学来研究《红楼梦》，基本研究方案是：

（1）将全书的 120 回都看作一个个对象，不分前后两大块，平等对待。

（2）从统计语言学的角度来建立识别特征，主要是虚字的出现频率，有时还用到句长的分布。

（3）利用各种统计分析方法，主要包括主成分分析、典型相关分析、多维尺度法、广义线性模型，探索各回的写作风格的接近程度，并且运用三种层次聚类方法对各回进行分类。

基于上述研究方案，并经过计算分析，以及前人有关《红楼梦》的研究成果，李贤平给出了他关于《红楼梦》成书过程的描述：

（1）佚名作者著有《石头记》，约 30 万字。该书以曹寅家事为背景，作者曾亲历曹家的鼎盛时期。

（2）曹雪芹曾著有类似于《金瓶梅》的小说《风月宝鉴》，后开始在《石头记》基础上进行撰写和批阅，持续有 10 年时间，曾经增删过 5 次。其中，第 1 次增删就形成了名为《红楼梦》的稿本，大约 20 回，此时已有宝玉与黛玉的完整故事。通过上述增删来分析：曹雪芹原计划写 110 回的《红楼梦》，但是初步只写好了前半部，并由脂砚斋进行第一次评注。

（3）在第 5 次增删中，曹雪芹重新安排了小说的结构，增添了神话色彩，大部分梦幻的情节就在此时添入，扩大了小说的社会背景，有关贾府之外的情节在此时也大量地进行了增补。至此，《红楼梦》前 80 回基本定型，由脂砚斋抄阅再评，其书名仍然为《石头记》。

据此，李贤平提出了他关于《红楼梦》的基本观点，即《红楼梦》前 80 回是曹雪芹根据《石头记》增删而成的，其中曾插入他早年的小说《风月宝鉴》，并增写了具有深刻内涵的许多内容。《红楼梦》后 40 回是曹家亲友搜集整理曹雪芹原稿并加工补写而成的。程伟元搜到全稿，并印刷刊行，是《红楼梦》的大功臣。高鹗校勘异文补遗订讹，也有功于《红楼梦》。[①]

二、小说叙事结构的数学分析

分形作为现代数学的一个分支，是随着计算机的发展而迅猛崛起的一门新的科学。虽然其数学基础是分形几何，但其应用却超出了数学范畴，几乎遍及自然科学和人文社会科学的各个领域。其中，分形可以应用于小说叙事结构，成为文学创作与研究的一种理论与方法。例如，一些文学研究利用分形的自相似性的"嵌套结构"，给以前对文学作品的定性讨论增加了定量分析。下面以《三国演义》为例，说明如何运用数学的方法来分析小说叙事结构。

研究者利用分形对《三国演义》的叙事结构进行量化分析，主要考虑三

---

① 李贤平. 《红楼梦》成书新说. 复旦学报（社会科学版），1987，（5）：3-16.

个因素。第一，中国古典小说的创作模式基本是以情节为结构中心，特别重视"章法""部法"。第二，章回小说叙事结构的最独特之处在于"分章叙事""分回立目"，也就是每一回都有一两个主题，通常在回目中就显示出来，读者通过章、回、目即可大体把握主要的故事情节。第三，《三国演义》基本属于"单体式结构"，主线比较明确，且以编年体的形式展开情节，各个事件在时间序列上自然有前后的因果关系，这为数学上的逐次迭代提供了内在逻辑基础。基于此，《三国演义》叙事结构可以构建分形数学模型，具体分析如下：

第一步，迭代原则的设定——"黄金分割律"。

因为分形通常由一个简单的递归、迭代产生，因此首先要确定迭代原则，将其运用于小说叙事结构，即小说所叙述的事件组织形式。《三国演义》的叙事结构或能近似符合以"黄金分割比"逐次迭代而生成分形结构，即设《三国演义》叙事结构的迭代原则或故事情节的组织方式为"黄金分割律"。

第二步，《三国演义》故事的大框架——分形结构的初步检验。

《三国演义》共120回，假设每回的长度相等，以"黄金分割比"来逐次划分《三国演义》的故事结构，过程如下：

第 1 次迭代：$120 \times 0.618 = 74.16$，约为 74。一般认为，《三国演义》的主线是蜀汉的兴衰。第 73 回为刘备进位汉中王，此为蜀汉发展之顶点，是其可以同曹魏、孙吴真正成为三足鼎立的黄金时期，但这也是其走向衰落的转折点。从第 74 回开始，随着孙刘联盟破裂，关羽失荆州，败走麦城，开启了三国英雄的凋零之旅。此处数学计算取值 74。

节点处取值原则的说明：（1）转折点可能是故事单元的分界点，涉及前后两回，前一回为上一阶段的结束，后一回为下一阶段的开始，从文学叙事上讲我们取值于哪一回都有道理，数学上为后续减少因多次迭代而产生的偏差起见，均以计算数值为准，即计算数值更接近的一回。（2）《三国演义》描写的是宏大的历史，有些情节叙述不止一回，运用两回篇幅是比较常见的现象，此类情况取后回，即事件结束的数值。（3）少数故事情节运用三回以上篇幅，则取其中间值。

第 2 次迭代：$74 \times 0.618 \approx 45.73$，约为 46。从第 43 回到第 50 回，作者用了 8 回篇幅来叙述。考虑到所运用的回数较多，此处取其中间值 46、47 回。第 46 回是决定赤壁之战成败的关键地方：黄盖苦肉计，第 47 回是阚泽献诈降书，庞统授连环计。为了研究的需要，根据最大值原则，此处取47。

第3次迭代：$47 \times 0.618 \approx 29$。《三国演义》第30回是官渡之战。但是，如果联系到第28回刘关张古城会，第29回孙权领江东，作者是有意识地将三方势力并行分述，由此，这三回可视为一个整体。因此，在后续计算上仍取三回的平均数29。

《三国演义》后半段的"黄金分割点"，大约落在第103回诸葛亮禳星五丈原，第104回汉丞相归天，蜀汉彻底失去了依仗，走上了灭亡之路。此处取值104。

于是，研究者可以用以上这四个故事转折点来确定《三国演义》故事的大框架（如图4-2）。一般地，学界对此也是比较赞同的。

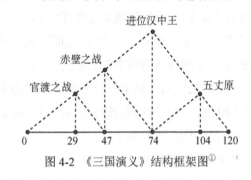

图4-2 《三国演义》结构框架图①

三、数学运用于文学研究的科学性

上文举了数学用于文学作品的研究所进行的有益探索，那么是否可以将其推广到整个文学研究中呢？如何评价这一现象？实际上，面对开放性的社会和多样化的文学潮流，与之相伴的文学研究也开始走向多样化。多样化的研究使文学的特性和规律在不同方法和角度下产生新的亮点，其中将数学运用于文学研究就是一种发展趋势。

1. 数学方法运用于文学研究的可行性

广义的文学实际上包括创作和研究两个层次。在创作这一层次，它是一种艺术；在研究这个层次，它却是一门学问，即人文社会科学中的文学学科。文学研究需要在对象中寻找规律，也就是说，文学与人文社会科学的其他学科以

---

① 牛景丽. 《三国演义》叙事结构的数学模型及其普适性——分形视角下的文学初探. 文学与文化，2018，（1）：102-113.

及自然科学的各个学科没有什么区别。如果要使文学研究成为成熟的学科，那么应该关注文学现象中的数量关系和空间形式的研究，应该使用各门学科通用的工具。所以，在文学研究中运用数学方法，如同在物理学、化学等自然科学，经济学等社会科学中使用数学方法那样，这也是文学研究的一种发展趋势。[①]

（1）揭露和纠正文学理论的某些矛盾和偏颇

数学中的罗素悖论带给人们一种启发：任何一种理论或学说，应保证其自身体系的逻辑一致性，避免出现内部矛盾。但是，文学理论往往通过照搬哲学"反映论"来构建文学"反映说"，这实际上却蕴含着难以克服的自我矛盾。"反映说"的文学定义是"文学是社会生活在作家头脑中反映的产物"。这个定义并没有清楚地解释社会生活与作家之间的关系，也就是说无法将作家和作家生活归属到社会生活。由此会出现：尽管作家笔下反映的都是社会生活，但却没有反映作家自己的生活。实际上，作家的思想、情感、内心活动，无疑都属于作家的某种生活，当作家写自己头脑里的活动时，按照"反映说"的定义，其作品就是"作家头脑里的东西在作家头脑里的反映"。因此，对于这种文学"反映说"的两难境地，可以借鉴数学家解决罗素悖论所提供的思路，为文学理论的研究提供一种线索和方案。

（2）参与探讨文学理论的一些问题

过去，人们认为文学是人学，是语言的艺术，无法用数学加以计量。但是，现代科学技术的迅猛发展，常常使不可思议的事情变为现实，使不可克服的困难得以克服。20世纪60年代，数学成功地进入语言学研究领域，诞生了数理语言学。到了70年代，模糊数学开始进入人类语言研究，对人脑、人类思维进行研究取得了很大的进展。因此可以说，现代数学的发展不仅不会与文学对立，而且能够帮助我们深入研究一些文学理论上的疑难问题。

（3）推导和证明文学研究的某些观点

一般地，数学符号、公式可以表示数与形的关系，数学符号系统具有简洁性、确定性和广泛应用性等特点。因此，在文学研究中，文字的符号系统可以借鉴数学的符号系统，这样形成相互支持、相互帮助的关系。

例如，文学批评家艾布拉姆斯（Abrams）提出"批评四要素说"，认为各

---

① 罗务恒. 数学方法运用于文学研究的可行性. 文艺理论研究，1985，（4）：53-55.

种批评模式主要包括作品（work）、宇宙（universe）、作家（artist）、读者（audience）4 个因素。如"表现说"是 work-artist 要素的组合（强调作品对作家的表现）；"实用说"是 work-audience 要素的组合（要求作品有愉悦作用并给读者以教益）；而"本体说"则撇开其他因素，只关注 work（要求执着于文本）。对艾布拉姆斯的"四要素说"加以研究，可以得到这样的观点：各种批评模式都只能部分地解决问题，而无法穷尽批评的对象。每一种理论都有局限，又都自有其贡献。因此，研究者将各种批评理论科学地综合起来，这样可能最大限度地接近对象，接近真理。为此，研究者用数学来进行推导证明，其基本原理如下：

假设理想的完备文学理论为函数 $f(x)$，具体的某种批评理论为 $F(x)$，它在整个理论体系中所占的比重为系数 C。要得到完备的理论，我们有 $f(x) = \sum_{n=1}^{\infty} C_n F_n(x)$，即无限个在理论总体系中占一定比重的理论的总和，便是完备理论。事实上，我们的理论模式总是有限的，因而也只能得到相对意义上的完备理论，即 $f_N(x) = \sum_{n=1}^{N} C_n F_n(x)$。

要使有限的理论体系最接近理想的完备理论，我们有公式 $0 < |f(x) - f_N(x)| < \varepsilon$。由此公式可知，若要有限理论体系 $f_N(x)$ 尽可能地接近完备理论 $f(x)$，要尽量提高各种批评理论在整个理论体系中的比重。这就要求我们摒除各种理论中的偏颇、弊病，而发扬其合理、优越的东西。这样构成的理论体系，就能最大限度地趋于完美。

2. 数学方法运用于文学研究的一个案例

不同的数学结构能使得完全相同的文字集合产生完全不同的文学模型，并且具有完全不同的意境和感染力。下面以唐代杜牧的《清明》为例来说明。

清　明

（唐）杜牧

清明时节雨纷纷，

路上行人欲断魂。

借问酒家何处有，

牧童遥指杏花村。

这是一首七言绝句，同样的汉字，如果采用不同的组合方式，则可以形成完全不同的体裁，如改造为一首词。

清明时节雨，

纷纷路上行人，

欲断魂。

借问酒家何处，

有牧童，

遥指杏花村。

这样，不同体裁，让人感受到的韵味也不同。如果分别按照每行字的个数配上对应的音符，那么其相应所蕴含的情境也会不同。

总之，一些现实问题所构成的集合可采用数学结构来联系其元素，从而形成一个数学模型。而同一集合也可采用不同的结构而形成不同的模型或体裁。利用这种模式，同样的一些汉字可以组合成完全不同的文学体裁，甚至顺序不变，也能产生不同的文学体裁。因此，可以说每一种文学体裁就是一种文学模型。①

第四节　文学创作与数学

文学创作过程是作家艺术地认识生活和表现生活的过程。一般来说，文学创作过程可分为三个阶段，即素材积累阶段、艺术构思阶段和写作阶段。其中，社会生活是作家积累素材的重要源泉，而数学也是社会生活的一个重要组成部分。因此，数学也自然地进入作者进行文学创作的视野，甚至为文学创作提供思维空间和依据。

一、小说创作与数学

小说是以刻画人物形象为中心，通过完整的故事情节和环境描写来反映社会生活的文学体裁。一般地，小说有三要素：人物形象、完整的故事和具

---

① 熊辉. 诗词曲数学结构的理性认识. 长江大学学报（社会科学版），2009，32（2）：37-39.

体环境描写。为此，小说创作围绕这三要素，利用多种手段和技巧来体现其艺术性，如描写、抒情、伏笔等。其中，数学可以为小说、剧本等文学体裁提供新奇的、令人兴奋的材料。因此，作家们往往也运用数学的逻辑思维技巧、缜密的系统思维方式为小说制造一个个悬念，编织一张紧密的、似不可破解的大网。①下面以武侠小说和科幻小说为例，说明小说创作与数学的关系。

1. 武侠小说中的数学

武侠小说被誉为中国的国粹，它立足于中国传统的侠义精神和中华武功，盛行于中国清代后期，主要是描写武侠仗义的故事，多以情节取胜。金庸巧妙地将中国古代传统数学贯穿于武侠小说，增加了小说的故事情节和人物的魅力。

《射雕英雄传》的第二十九回，黄蓉身受重伤之后，为躲避铁掌帮的追杀，与郭靖逃到了瑛姑的黑沼茅屋：

> 黄蓉坐了片刻，精神稍复，见地下那些竹片都是长约四寸，阔约二分，知是计数用的算子，再看那些算子排成商、实、法、借算四行，暗点算子数目，知她正在计算五万五千二百二十五的平方根，这时"商"位上已计算到二百三十，但见那老妇拨弄算子，正待算那第三位数字。黄蓉脱口道："五！二百三十五！"

> 那老妇吃了一惊，抬起头来，一双眸子精光闪闪，向黄蓉怒目而视，随即又低头拨弄算子。这一抬头，郭黄二人见她容色清丽，不过四十左右年纪，想是思虑过度，是以鬓边早见华发。那女子搬弄了一会，果然算出是"五"，抬头又向黄蓉望了一眼，脸上惊讶的神色迅即消去，又现怒容，似乎是说："原来是个小姑娘。你不过凑巧猜中，何足为奇？别在这里打扰我的正事。"顺手将"二百三十五"五字记在纸上，又计下一道算题。

> 这次是求三千四百零一万二千二百二十四的立方根，她刚将算子排为商、实、方法、廉法、隅、下法六行，算到一个"三"，黄蓉轻轻道："三百二十四。"那女子"哼"了一声，哪里肯信？布算良久，约一盏茶时分，方始算出，果然是三百二十四。

---

① 季理真. 数学、数学家与小说. 数学教育学报，2011，20（5）：6.

……

郭靖扶着黄蓉跟着过去，只见那内室墙壁围成圆形，地下满铺细沙，沙上画着许多横直符号和圆圈，又写着些"太""天元""地元""人元""物元"等字。郭靖看得不知所云，生怕落足踏坏沙上的符字，站在门口，不敢入内。

黄蓉自幼受父亲教导，颇识历数之术，见到地下符字，知道尽是些术数中的难题，那是算经中的"天元之术"，虽甚为繁复，但只要一明其法，也无甚难处（按：即今日代数中多元多次方程式，我国古代算经中早记其法，天、地、人、物四字即西方代数中 x, y, z, w 四未知数）。黄蓉从腰间抽出竹棒，倚在郭靖身上，随想随在沙上书写，片刻之间，将沙上所列的七八道算题尽数解开。

这些算题，那女子苦思数月，未得其解，至此不由得惊讶异常，呆了半晌，忽问："你是人吗？"黄蓉微微一笑，道："天元四元之术，何足道哉？算经中共有一十九元，'人'之上是仙、明、霄、汉、垒、层、高、上、天，'人'之下是地、下、低、减、落、逝、泉、暗、鬼。算到第十九元，方才有点不易罢啦！"

《射雕英雄传》的这段内容是插入了中国古代传统数学的一部分知识，令人感兴趣的是金庸为什么这样处理？其目的是什么？从爱情的角度来看，《射雕英雄传》以郭靖和黄蓉的恋情为主线而展开。由此，作者重视女主人公黄蓉的形象，也就是黄蓉作为武学大宗师黄药师"东邪"的独生女儿，桃花岛的公主，其形象是古灵精怪，聪慧过人。这种形象的人物却爱上呆头呆脑、笨拙而平凡的郭靖，从而使故事充满了离奇，跌宕起伏。为了体现这一主题，小说采用了多种方式和技巧，其中之一是巧妙地插入了为世人很少知道的中国古代传统数学知识，这的确有作者的深邃思考：

第一，《射雕英雄传》反映了南宋抵抗外敌的斗争，充满着爱国的民族主义情愫。中国古代数学成就在宋朝达到顶峰，并且在当时的中国民间有一定程度的推广，成为当时一部分人士的研习内容。因此，金庸在小说中安排中国古代数学内容是合乎情理的。

第二，为了体现男女主人公的形象，即黄蓉的聪明形象与郭靖的笨拙形象，金庸在《射雕英雄传》中引用了中国古代数学知识，以此增加小说的趣味性和离奇性。中国古代数学曾走在世界的前列，但是到了现代，世人很少理解，能够理解中国古代数学的主要是一些数学家和数学史家，由此显现女主人公黄蓉聪明伶俐。

第三，小说在某种程度上以一定时期人们的生活为基础，反映了当时人们的世界观、世俗观。金庸创作《射雕英雄传》的年代是 20 世纪五六十年代，此时的中国人对于中国古代数学已有所了解，但还没有达到普及的程度，在青少年中普及中国传统数学文化尤为重要。由此，小说在一定程度上对中国传统文化，包括中国传统数学文化可以起到普及推广作用，同时也增加了小说的趣味性和科学性。

2. 科幻小说中的数学

科幻小说，在欧美一般称为科学小说，它是一种新型的文学体裁，将科学与文艺熔于一炉，既传播了科学发展的知识，又具有文艺作品的感染力。科幻小说以科学作为小说的前提，幻想作为它的生命，主题作为它的灵魂。因此，数学可以作为一种科幻小说创作的技巧，甚至有人认为：数学可以成为小说。①

例如，关于维度的文学著作，威尔斯（Wells）1895 年出版的《时间机器》影响深远。《时间机器》讲述的是时间旅行者发明了一种机器，能够在时间维度上任意驰骋于过去和未来。当时间旅行者乘着这种机器来到公元 802701 年时，展现在他面前的是一幅奇异的景象。其中有一段情节，即时间机器的发明者与他的客人的对话：

> 就像数学家说的那样，空间通常被认为有三个维度，即长度、宽度和高度。通过参照三个相互垂直的平面，总是可以界定空间。但是一些具有哲学思想的人一直都在问这样一个问题：为什么一定是三个维度？为什么不能再有一个方向垂直于另外三个方面？他们一直试图建立一个四维几何……具有科学思想的人……都明白时间其实只是空间的一种。

《时间机器》的这段内容是关于空间的维度问题的设想，在三维空间的基础上进一步提出了四维几何，这是这部科幻小说吸引人之处，具有强烈的艺术感染力，这在当时也是无法想象的，从而达到小说艺术的效果。

---

① 福勒. 科幻小说与数学. 黄琳, 译. 当代世界文学（中国版）, 2012, （0）: 177-185.

实际上，关于第四维度，当时的科学还没有涉及。直到爱因斯坦发表狭义相对论的论文，闵可夫斯基（Minkowski）将狭义相对论拓展到四维框架中，科学家才真正开始研究四维空间。因此，这部科幻小说具有非同寻常的先见之明：至少它从性质上描述了相对论，这也使得富有想象力的威尔斯获得美誉。

《时间机器》开创了一种小说创作的新纪元。自威尔斯之后，大量时光旅行类文学作品开始出现，如博尔赫斯（Borges）创作的《小径分岔的花园》，这里的"花园"实际上是构建物：它是空间上的，但同时也是时间上可选路径的集合。博尔赫斯在小说中似乎预测了分形几何，就如同威尔斯预见了相对论那样。

二、诗歌创作与数学

诗歌是文学发展史上最古老的文学样式，是一种抒情言志的文学体裁。诗歌高度集中地概括和反映社会生活，包含作者的思想感情与丰富的想象，语言凝练而形象，具有鲜明的节奏、和谐的音韵，语句一般分行排列，注重结构形式的美。诗歌的这些特征与数学的某些特性有共通的地方，这使得诗歌创作同数学结缘。

1. 诗歌与数学的联系

可以说，数学与诗歌分别是逻辑思维与形象思维的代表。数学是逻辑思维的精品，诗歌，尤其是中国古典诗词，是形象思维的精品，两者之间有明显的差异。但是，这二者却又有相辅相成的关系。例如，苏步青和李国平都是数学家，也都写传统诗词。那么诗词与数学到底有什么联系？主要表现在以下几方面：

第一，语言文字的简练要求相同。数学的一个明显特点是：它的语言（数学语言）准确而简练，简练到不能有多余的文字（包括数学符号）。中国古典诗词的创作也有这种严格的要求。因为一首诗的文字很少，这样对词句音韵的限制就十分严格。一般地，一首好的诗词脍炙人口，除了诗词本身的意境等因素之外，更重要的还有诗词中的每个字恰到好处，不能随意改动。因此，学习和学写诗词可以锻炼和提高一个人驾驭汉语言文字的能力，达到简练、准确和生动的要求。而这对于包括数学在内的各个学科的学生提升综合素养都是非常重要的。现在，有许多理科大学生的语言文字能力差，其中的原因之一就是缺乏语言文字的锻炼。所以，以杨叔子为代表的许多有识之士呼吁：中华诗词应该进入大学校园，进入理科学生课堂。

第二，数学和诗歌相互促进。数学研究需要诗歌中所表现的丰富的想象力，而诗歌创作也需要逻辑的帮助和制约。例如，丘成桐认为，中国诗词对他的数学研究有重要的影响。丘成桐曾提出一个猜想，断言三维球面里的光滑极小曲面，其第一特征值等于 2，后来证明是正确的。他认为，他凭直觉提出该猜想，而该直觉的灵感很大程度上受到中国诗词中"比兴"手法的启示。①

第三，数字与诗词的联姻。自古以来，许多诗人都重视数字在诗词中的运用。许多著名诗词都有数字的支撑和点缀。例如，"欲穷千里目，更上一层楼"，"朝辞白帝彩云间，千里江陵一日还。两岸猿声啼不住，轻舟已过万重山"，"两个黄鹂鸣翠柳，一行白鹭上青天"，等等。这些诗词巧妙地利用数字创造了更高的意境，流传千古。

两种不同思维风格的数学与文学形成紧密的联系，其中的重要因素之一是文学创作的需要，下面主要以数字与诗歌创作的关系为例来进行探讨，大体可概括为三点：

第一，增强内容的概括性。

任何事物都有质和量两个方面的规定性。数字能从数量的方面来反映和刻画事物，反过来，其数量特征又可以用来代表事物本身，对事物进行表达和概括。因为数字具有抽象性和简洁性，所以用数字来创造诗词不仅可以使语言简练，而且可以增强诗句的概括性。例如，"四海翻腾云水怒，五洲震荡风雷激"，用"四海"和"五洲"把全世界的形势都概括进来了，这显示出数字在诗词中的作用和力量。

第二，突出形象的鲜明性。

数字不仅能从大的方面对事物起概括作用，而且能从某一侧面对事物的形象起到充实和描写作用。例如，用"千万"来表示事物数量之多，用"毫厘"来表示事物之细小。这比单纯用"多少"和"大小"等形容词更为具体和细致。如"春风杨柳万千条，六亿神州尽舜尧"，其实就是说：春风中杨柳

---

① 丘成桐. 数学和中国文学的比较. 上海科技报，2013-05-31（006）.

有许多条，六亿中国人民都成了圣人。但是，用了这几个数字来代表事物本身，就使事物的形象生动得多。又如"秦岭千秋雪，唐都一局棋"，用"千秋雪"和"一局棋"，便把秦岭的高寒气候和西安街道的严整形象刻画得较为具体而深刻，而不只是停留在表面现象上。

第三，增加诗词的灵动性。

数量词，特别是像"一""半""几"等，不仅可以表示事物的数量，而且有时还可以作为状语和形容词来使用，使诗句更富于变化。因此，很多诗人善于创用数量词，以增加诗词的灵动性。例如，"北国风光，千里冰封，万里雪飘"，使用"千""万"两个数量词，不仅写出了壮阔的景象，而且写出了伟人胸中无比豪迈的气概。又如，"看破浮生过半，半之受用无边。半中岁月尽幽闲，半里乾坤宽展"，每一句都有"半"字，表达了诗人的内心情感。

第四，提升韵律的严格性。

一般地，诗词要求有严格的韵律，用凝练的语言、绵密的章法、充沛的情感和丰富的想象来高度集中地表现社会生活和人类精神世界。诗人有时在诗词中使用一些数字达到对仗的目的，这样使诗词更加工整，使音节更为铿锵，提升了诗词韵律的严格性。例如，"金猴奋起千钧棒，玉宇澄清万里埃"，"天连五岭银锄落，地动三河铁臂摇"，"斑竹一枝千滴泪，红霞万朵百重衣"等，其中的数量词"千"与"万"、"五"与"三"、"一"与"万"相对，这些数量词在诗词中的运用增加了对仗的美感，使音节更加铿锵。

2. 诗歌中的数学欣赏

一般地，大部分中国古典诗词的表达方式侧重于内在、含蓄、深情、委婉，避免千篇一律。因此，其词句的使用特别讲究，形式多样，内容丰富。下面举一些用数字或数学思想所呈现的意境来创作的诗词，供大家欣赏。

（1）《登幽州台歌》

登幽州台歌
前不见古人，后不见来者。
念天地之悠悠，独怆然而涕下。

语文教材的解释：上两句俯仰古今，写出时间绵长；第三句登楼眺望，两相映照，分外动人。从数学上看，这是一首阐发时间和空间感知的佳句。前两句表示时间可以看成是一条直线（一维空间）。陈子昂将自己作为坐标原点，前不见古人指时间可以延伸到负无穷大，后不见来者则意味着未来的时间是正无穷大。后两句则描写三维的现实空间：天是平面，地是平面，悠悠地张成三维的立体几何环境。全诗将时间和空间放在一起思考，让人感到自然之伟大，进而产生了敬畏之心，以至怆然。这样的意境，是数学家和文学家可以彼此相通的。我们或许可以进一步发问：爱因斯坦的四维时空学说，也能和此诗的意境相衔接吗？

（2）《送孟浩然之广陵》

送孟浩然之广陵

故人西辞黄鹤楼，烟花三月下扬州。

孤帆远影碧空尽，唯见长江天际流。

文学中的解释：李白十分欣赏孟浩然，曾写下"吾爱孟夫子，风流天下闻"的诗句。这首诗写的是在黄鹤楼送别孟浩然的情景。李白与孟浩然交往时还非常年轻，这次离别时正处于开元盛世，精神面貌积极昂扬；送别的季节是春意盎然的烟花三月，而扬州，更是当时最繁华的都会之一。李白生性浪漫，一生都喜欢游览，所以这次离别对他来说并不觉得悲伤，反而认为孟浩然这趟旅行会非常快乐，所以全诗也洋溢着浓郁的想象和抒情气氛。"烟花三月下扬州"，再现了烟水迷离的阳春三月，那富庶繁华之地的迷人景色。

从数学的角度来看，这首诗的意境与皮亚诺公理的思想相通，即从"道"出发，用"后继"的步骤把自然数一个一个地创造出来，而且构成"万物"，一个无限的系统。

（3）卓文君的数字诗

一朝别后，二地相悬。只说是三四月，又谁知五六年？七弦琴无心弹，八行书无可传。九连环从中折断，十里长亭望眼欲穿。百思想，千系念，万般无奈把郎怨。万语千言说不完，百无聊赖，十依栏杆。重九登高看孤雁，八月仲秋月圆人不圆。七月半，秉烛烧香问苍天。六月伏天，人人摇扇我心寒。五月石榴红似火，偏遇阵阵冷雨浇花端。四月枇杷未黄，我欲对镜心意乱。急匆匆，三月桃花随水转。飘零零，二月风筝线儿断。噫！郎呀郎，巴不得下一世，你为女来我做男。

评述：相传西汉著名的辞赋家司马相如，曾因写出《子虚赋》《上林赋》，深得汉武帝的赏识。因此，司马相如受到重用，离家前往长安做官。此时，司马相如与卓文君成婚不久，卓文君痴情地盼望着丈夫早日归来，但一等就是五六年，最后等来的是一封司马相如写给卓文君的家书。这封家书上面仅有"一二三四五六七八九十百千万"13个数字，却没有"亿"。聪明的卓文君马上明白了丈夫的意思：一连串数字后唯独缺少"亿"，这说明丈夫已经对自己无"意"了，只是没有明说罢了。于是，卓文君根据司马相如来信中的数字，巧妙地连缀成文，表达了对丈夫的思念之情，委婉地斥责了丈夫朝三暮四的行为。司马相如看到卓文君的家书之后，深受感动，遂回心转意，把卓文君接到长安，夫妻恩爱如初。

数字诗开创了中国诗坛的新风，有不少流传至今的好诗，如"一叫一回肠一断，三春三月忆三巴"，"一去二三里，烟村四五家。亭台六七座，八九十枝花"，"七八个星天外，两三点雨山前"，等等。

三、寓言创作与数学

寓言是用比喻性的故事来寄托意味深长的道理，给人以启示的文学体裁，带有讽刺或劝诫的性质。"寓言"中的"寓"为寄托，"言"为简短的话。"寓言"最初的意思就是有所寄托之言，后来逐渐形成一种寄托事理、哲理和训诫的文学体裁。而数学是反映和刻画现实世界的空间形式和数量关系的科学，某些事理、哲理往往蕴含于数学中。因此，在寓言创作中，人们有时将数学知识融入其中，或人们用寓言的形式表达对数学的理解。

1. 寓言与数学的联系

寓言作为一种重要的文学形式，与数学有着密切的联系，大体表现在以下4点：

第一，结构相似。虽然寓言的篇幅一般比较小，语言精辟简洁，但是极富表现力，展现巨大的逻辑的力量，能够阐明事物所蕴含的深刻道理。这些正是数学的重要特征，这就使数学与寓言在抽象的结构上存在着相似之处。

第二，内容相通。寓言的内容常常涉及自然和人类生活中的某些规律，涉及哲学与逻辑的某些原理。而这些规律、原理往往被抽象化为数学的公理、定理、方法或模型。因此，不少寓言实质上是某些数学抽象的具体化、形象化。这就使寓言与数学在内容上有相通之处。

第三，逻辑相依。数学是研究现实世界的空间形式和数量关系的科学，空间形式与数量关系无处不在，寓言所涉及的对象，或多或少与之发生联系。这就使得某些寓言的艺术魅力和讽喻效应通过数学才能表现出来，进而使寓言与数学在逻辑上存在着依存之处。

第四，对象相系。有些寓言涉及特殊的概念，而这些概念模糊不清，需要把概念先弄清楚，寓言才有意义，而数学则要求概念精确、逻辑清晰。因此，寓言所涉及的某些概念需要借助或运用数学。[①]

2. 寓言中的数学道理

寓言 1：《一支竹筷的故事》

一位老人在临终之前把他的 7 个儿子召集到床前，给每人一支竹筷，让他们折断。每一位都容易地把它折断了。接着老人又将 7 支筷子合成一束交给他们，看谁能把 7 支筷子同时折断，7 个儿子都试了一遍，谁也未能成功。于是，老人语重心长地告诫儿子们，说："如果你们 7 兄弟能团结一致，便可以克服一切困难，谁也不敢欺侮你们；如果大家互不团结，就会被外人各个击破，受到欺侮。"

这个寓言说明一个道理："团结就是力量。"但是，老人未必真正知道折断合成一束的 7 支筷子究竟需要多大的力量，只能粗略地认识。根据力学原理和数学知识可以估算出：折断合成圆形一束的 7 根筷子所需的力约是折断一根筷子所需力的 19 倍。

寓言 2：《无法付出的奖赏》

有一位国王闲得无聊，希望找点有刺激性的娱乐。他的宰相便发明了一种棋盘，进贡给国王。这种棋千变万化，国王非常高兴，决定重奖宰相。国王对宰相说："我要重重地奖励你的聪明才智，现在你自己提出需要什么奖励吧！"宰相便向国王请求说："陛下，这张棋盘共有 64 个方格，请您在这张棋盘的第一格内赏给我一粒麦子，在第二格赏给我两粒，第三格赏给我四粒，照这样下去，下一格所放的麦粒都比前一格增加一倍。尊敬的陛下，您的仆人的要求不算高吧！"国王对这位宰相贡献甚大而索取甚小的高尚品质十分赞赏，不假思索便一口答应了，还为破费如

---

① 欧阳维诚. 论数学与寓言创作的关系. 湘潭师范学院学报（社会科学版），1997，（4）：9-14.

此之少而暗地高兴呢！第二天，国王的财务大臣气急败坏地跑来报告，他统计了全国的小麦储备，根本不能兑现这笔奖赏。

蕴含的数学知识：宰相要求奖赏的麦粒数是 $2^{64}-1$，远超古代一千年的小麦产量。

寓言3：《一个鸡蛋的家当》

　　一位穷愁潦倒的市民某日在路上拾得一枚鸡蛋，他喜出望外，心中盘算着：把这枚鸡蛋拿回家去借邻居的母鸡孵化成小鸡，小鸡长大了可以生蛋，而蛋又可以孵鸡，鸡又可以生蛋，如此继续下去，财富会逐年增加：第一年有一只鸡，第二年多于第一年，第三年又多于第二年，年复一年，如此下去，"哈哈！我成富翁了！"他兴奋之余，情不自禁地手舞足蹈起来，使得鸡蛋掉到了地上。"叭"的一声，随着鸡蛋的破碎，他的"万贯家财"也化成了泡影。

蕴含的数学知识：这则寓言实际上是数学中的一个重要的原理，即数学归纳法：

一个与自然数 n 有关的命题 $f(n)$，如果 $f(n)$ 对于 $n=1$ 时成立；在 $f(n)$ 对某个特定的自然数 k 成立的假设下，可以推出 $f(n)$ 对下一个自然数 $k+1$ 也是成立的。那么，可以断定 $f(n)$ 对于所有的自然数都成立。

寓言4：《三人成虎》

　　庞葱与太子质于邯郸，谓魏王曰："今一人言市有虎，王信之乎？"王曰："否。""二人言市有虎，王信之乎？"王曰："寡人疑之矣。""三人言市有虎，王信之乎？"王曰："寡人信之矣。"庞葱曰："夫市之无虎明矣，然而三人言而成虎。今邯郸去大梁也远于市，而议臣者过于三人，愿王察之。"王曰："寡人自为知。"于是辞行，而谗言先至。后太子罢质，果不得见。

蕴含的数学知识：这则寓言故事生动地刻画了魏王不断修正自己对"市有虎"这件事发生的概率大小的认知，可以用概率论中的贝叶斯定理来说明。[①]

---

① 欧阳顺湘. 成语与寓言中的概率思维. 数学通报，2020，59（12）：1-3.

第五章　经济学与数学

经济学与数学都是古老的学科，往往各行其道，但两者的结合一般是以法国经济学家古诺（Cournot）1838 年出版《财富理论的数学原理的研究》为标志，古诺从定量与定性两个角度同时进行经济学研究。数学同经济学的结合不仅使经济学在定量分析上有更加坚实的理论基础，而且也使经济学在定性分析上有理性依据；但同时两者的结合也带来了一些困惑。因此，我们需要辩证地看待两者的关系。

第一节　关于经济学的若干问题

经济学是研究社会经济活动和经济行为的科学，涉及经济规律、经济政策、历史、文化以及人类生活等各个方面。其中，最基本的问题是资源配置问题，其主要的研究方法是构建经济模型，这些都与数学相关联。

一、什么是经济学

在西方，economics 一词来源于希腊文，原义是家庭管理。在中国，"经济"一词本义是"经世济民"。严复曾将 economics 翻译成"计学"，日本翻译成"经济学"，人们现在一般使用"经济学"。

经济学是研究人与社会如何利用稀缺性资源进行选择和配置的科学。其核心内容是资源的稀缺性及其有效利用。所谓资源的稀缺性，一方面是相对于人类的无限需求而言，社会所提供的资源不能满足人们需求的欲望；另一方面是由于社会或自然的因素，一些有限的资源还没有得到充分利用。由此，如何合理配置与利用稀缺资源就成了人类社会永恒的主题，是经济学的中心课题。[①]

---

① 谭元发，杜汉军. 经济学基础. 2 版. 北京：北京理工大学出版社，2014：2-7.

一般地，根据研究对象的特征，人们将经济学分为微观经济学和宏观经济学。微观经济学是以单个经济单位为研究对象，通过研究单个经济单位的经济行为以及相应的经济变量的数值，来说明价格机制如何解决社会的资源配置问题。其主要内容有均衡价格理论、消费者行为理论、生产者行为理论、分配理论等。宏观经济学是以国民经济总过程的活动为研究对象，通过研究经济中各种有关总量及其变化，来说明如何才能充分利用资源。其主要内容有国民收入决定理论、就业理论、通货膨胀理论等。

二、经济学的基本问题有哪些

由于资源具有稀缺性，人们在经济活动中需要考虑如何充分有效地、合理地利用资源问题。由此，形成了经济学的资源配置问题和资源优化问题，这两个问题成为经济学的基本问题。

1. 资源配置问题

资源配置是指一定的资源在各个不同方向的分配，这是由资源的稀缺性和选择性所引起的。具体地说，资源配置主要解决经济社会以下三个基本问题。

（1）"生产什么"的问题

"生产什么"要解决的问题是在既有的资源条件下，生产何种产品，并最大限度地满足消费者的需要。因此，与之相伴的问题是"生产多少"。实际上，这两个问题是相互的，主要取决于生产者和消费者之间的相互作用。同时，政府在宏观方面对"生产什么"也发挥一定作用。

（2）"如何生产"的问题

"如何生产"要解决的问题是在生产同一种产品的多种不同方法中，要选择一种生产成本较低或者生产最有效率的方法，其中有技术因素和经济因素。一般地，"如何生产"关注的点主要是由哪些人、使用何种资源、应用何种技术来生产。

（3）"为谁生产"的问题

"为谁生产"是指产品如何进行分配的问题，涉及分配原则和分配机制等。"为谁生产"在相当程度上是一个收入分配问题，这既是一个经济问题，又是一个社会问题。

2. 资源优化问题

资源优化是指人们利用现有的稀缺资源生产出更多更好的产品，以尽可能地满足人们的需求。在面临资源的稀缺问题时，经济学不仅要解决资源的合理配置问题，还要解决资源的优化利用问题。因此，资源优化主要解决以下三个基本问题。

（1）如何充分利用资源的问题

稀缺的资源在经济活动中可能存在着浪费和闲置两种问题，于是，经济学提出了如何有效地利用资源的问题，使社会在既定资源条件下实现其利用的最大化。

（2）如何实现经济的稳步增长问题

在资源既定的情况下，经济活动有可能出现周期性波动。因此，有必要研究如何实现经济的稳步增长问题，也就是说，如何利用现有的资源生产出更多的、满足社会需要的产品。

（3）如何保持货币稳定的购买力问题

经济活动中存在着商品交易的现象，以货币为交易媒介，实现商品交换。但也可能存在着货币购买力变动的问题，这对资源的优化利用产生很大的影响。因此，一个以货币为媒介的现代商品社会，应采取一些措施来保证货币的购买力，即保持价格水平的相对稳定。

以上列出了经济学中的两个问题而没有谈及其他更多的内容，仅以此来初步说明，经济学所关注的对象及其研究内容很大程度上与数学相关联。

第二节　经济学中的数学

1838 年以前的经济学很少有数学公式，主要关注的是与政治的联系，由此被称为"政治经济学"。但是，1838 年以后，经济学开始运用数学来研究、表达或解释经济学的某些问题，特别是现代经济学规律，几乎都要用数学公式，建立经济模型。

一、经济学与数学结合的过程

当今，经济学与数学可以说是息息相关，任何一项经济研究和决策，几乎都不能离开数学的应用。比如，宏观经济中的综合指标控制、价格控制等，都涉及数学问题；微观经济中数理统计的实验设计、质量控制、多元分析等，这些对于提高产品的质量往往起到重要的作用。因此，经济学家们认为，经济学的基本方法是分析经济变量之间的函数关系，建立经济模型，从而得到经济原则和理论，并由此进行决策和预测。但是，经济学出现的这种局面是有历史发展过程的，大致分为三个发展时期。

1. 经济学与数学结合的萌芽时期

这一时期大致是从 17 世纪 90 年代到 19 世纪 20 年代，其代表人物有配第（Petty）、魁奈（Quesnay）。英国经济学家配第在他的著作《政治算术》中将数学方法引入经济学的研究。法国重农主义代表人物魁奈的《经济表》通过算术级数来反映国民经济中的生产、流通和分配。这一时期经济学与数学相结合的特点是数学方法仅限于政治经济学领域，且所使用的数学知识也只是初等数学，从属于定性分析的需要，但是开创了在经济学中使用数学方法的先河。

2. 经济学与数学结合的形成时期

这一时期主要是从 19 世纪 30 年代到 20 世纪 40 年代，其代表人物有古诺、萨缪尔森（Samuelson）。法国经济学家古诺的经典著作《财富理论的数学原理的研究》使用微积分来研究经济问题。美国经济学家萨缪尔森的《经济分析基础》以约束的最大化为一般原则，对生产者行为、消费者行为、国际贸易、公共财政等方面进行数学分析。这一时期经济学与数学相结合的特点是经济学更深入地运用数学方法，且所使用的数学知识涉及高等数学，包括微积分、概率论、线性代数等，由此诞生了数理经济学。

3. 经济与数学结合的全面发展时期

这一时期从 20 世纪中叶开始一直延续到现在，其代表人物有冯·诺依曼（Neumann）、摩根斯坦（Morgenstern）、阿罗（Arrow）、德布鲁（Debreu）等。冯·诺依曼和摩根斯坦合著《博弈论与经济行为》，运用对策论研究了在经济竞争中战胜对方的最优策略的存在性以及策略的选择。阿罗和德布鲁共同建立了有关私有制经济的一般均衡模型，首先利用不动点定理证明了模型中的均衡价格的存在性。后来，一些经济学家开始引入混沌模型来讨论经济学的理论问题，试图改进和替代凯恩斯学派和货币学派在解释经济波动时所建立的线性随机方程。这一时期经济学与数学结合的特点是两者关系更加紧密，所运用的数学理论更加广泛，涉及信息论、控制论、模糊数学、拓扑学、泛函分析等数学分支，使得经济学与数学的结合进入了一个崭新的全面发展阶段。①

二、数学在经济学中的作用

经济学和数学结合后，两者相互渗透、相互促进，表现在：数学可以借助研究经济学问题而得以发展，经济学问题也因为数学的参与而得以解决。进一步来看，数学在经济学中的作用大致可以体现在以下几个方面。②

1. 数学思维方式对经济学的影响

数学是研究现实世界空间形式和数量关系的一门科学，它采用自己特有的符号和语言，用抽象思维方式来考虑问题，体现了逻辑严谨、论证清晰的特点，这对经济学产生了深刻的影响。德布鲁认为，如果经济学家坚持用数学严谨性的要求来研究经济学，那么包括公理化在内的数学思想将会引导经济学家对新的经济问题产生更深刻的见解，这样就会为经济学新的发展方向建立一个较为可靠的基础，同时，也使经济学家认真研究前人的工作，摆脱前人工作的局限性而有所创新。

2. 数学方法用于分析和解答经济问题

经济学与数学相结合以来，经济学家常常运用数学方法来分析和解答经济问题，这成为经济学研究的一种主要研究方法和手段，经济学所使用的数学方法主要有投入产出法、线性规划方法、经济计量学方法等。

---

① 玉璋. 对数学与经济学关系的几点认识与思考. 商场现代化，2006，489（36）：391-392.

② 彭斌，王仕永. 数学在经济学中怎样起作用——经济学与数学探讨之二. 中南财经大学学报，1993，（1）：106-115.

例5-1　投入产出法。

投入产出法是由列昂惕夫（Leontief）创立的，并在经济领域产生了重要的作用，备受西方经济学界的推崇，创立者由此获得了诺贝尔经济学奖。投入产出法的思想渊源可以追溯到魁奈，其理论基础是法国经济学家瓦尔拉斯（Walras）的一般均衡理论和数学方法。

投入产出法的基本内容是：首先，编制用以反映各种产品生产投入来源和去向的投入产出表；其次，根据投入产出表，建立数学模型，也就是建立用以反映经济内容的线性代数方程组；再次，根据线性代数方程组，计算消耗系数，由此进行经济分析和预测。

投入产出法的意义是利用投入产出表建立数学模型，从数学的角度来进行科学的分析，从而更清晰地揭示国民经济各部门、产业结构之间的内在联系，特别是反映国民经济中各部门、各产业之间在生产过程中的直接和间接联系，以及各部门、各产业生产与分配使用、生产与消耗之间的平衡关系，并由此客观地作出决策，以及模拟各种政策的运行，从而最终为经济学中的"生产什么"和"生产多少"的基本问题提供一种科学的研究方法。

投入产出分析的特点和优点是能够用来研究实际经济问题，是从数量上系统地研究一个复杂经济实体的各个不同问题之间相互关系的方法，广泛地应用到一个国家甚至整个世界，一个省、市或企业部门的经济。此外，投入产出法还可应用于一些专门的社会问题的研究，如环境污染问题、人口问题、世界经济结构问题等。

3. 数学方法用于经济学的质的分析

唯物辩证法认为，事物是质与量的统一体，没有无质的量，也没有无量的质，并且质和量都处在变化之中，量变达到一定的程度就会发生质变，而在质变过程中，又伴随着量的扩张，任何事物都是如此。因此，经济现象也不例外，运用数学方法可以对经济现象进行质的分析。

例 5-2　中国经济发展动力的实证分析。[①]

近些年来，中国经济取得了世界瞩目的成就，中国的经济发展被各国研

———————

① 唐晨悦,李佳. 新中国 70 年经济发展模式与动力机制研究. 中国物价,2020,（6）:
8-14.

究者高度关注，其中包括中国的经济发展动力问题。对于中国的经济发展动力，有研究者运用数学方法进行了实证分析，并提出了一些观点。

研究者以拉动经济增长的三驾马车和创新方面为出发点，选取国内生产总值为被解释变量，以全社会固定资产投资额、全社会最终消费支出、出口总额、进口总额等为解释变量，由此来研究中国经济增长的动力因素。其数学模型是向量自回归模型：

$$y_t = \alpha + \beta_1 y_{t-1} + \beta_2 y_{t-2} + \cdots + \beta_p y_{t-p} + \varepsilon_i$$

其中，y_t 是 $m \times 1$ 维内生变量序列，$\beta_i (i = 1, 2, \cdots, p)$ 是 $m \times m$ 维待估的参数矩阵，ε_i 是 $m \times 1$ 维随机扰动项。

研究者以向量自回归模型为基础，运用脉冲响应和方差分解对中国改革开放后的经济增长动力进行研究，由此得出以下几个结论：

第一，改革开放后，中国经济增长的动力按贡献大小排序，依次为投资、科技创新、出口、进口和消费，主要增长动力为投资、科技创新和出口。

第二，投资的短期促进作用最为明显，长期的促进效用也较为显著；科技创新在短期内对经济增长的促进作用同样明显，但其响应的速度不及投资快，长期的促进作用最大，潜力十足；出口在短期和长期内对经济的增长都有较为显著的促进作用，但不及投资和科技创新；进口在短期内对经济增长有明显的抑制作用，在长期内变为正向影响，促进作用很小。

4. 数学方法为经济学理论提供严格的证明

经济学理论除了实践检验外，还需要有较为严格的论证，那么数学就为经济学理论提供了严格的理性证明的手段和方法，这比文字语言论证更加有效，甚至得到文字语言所无法证明的经济学结论。因此，布留明（Блюмин）认为，数学方法是经济学理论中最基本、最重要的方法，不应该与经济学的其他方法同等看待，它是唯一能够给政治经济学提出充分的科学完整性的方法。此外，他认为，数学还为经济学理论提供十分完备的基础，经济学定理必须由数学来最后判定和证明。

例5-3 阿罗不可能性定理。

一般地，大多数成员的行为被认为是全体的行为，所以也就有了决定权，这种多数原则是现代社会广泛接受的决策方法，其理论依据是自然和理性的法则。但是，这种多数原则仅仅是经验性的，没有从理论上进行证明。诺贝尔经济学奖得主阿罗运用数学公理化，从数学的角度证明了这种多数原则是不成立的，他的研究结论是：当至少有三名候选人和两位选民时，不存在满足阿罗公理的选举规则。也就是说，如果众多的社会成员具有不同的偏好，而社会又有多种备选方案，那么在民主的制度下不可能得到令所有的人都满意的结果。

阿罗不可能性定理的证明思路是：首先，建立个人偏好顺序和群体偏好顺序的两个公理（阿罗公理）和五个条件。两个公理就是完备性公理和传递性公理。完备性公理是指对任意两个决策方案X和Y，要么对X的偏好甚于或无差异于Y，要么对Y的偏好甚于或无差异于X。传递性公理是指对任意三个方案X、Y和Z，若对X的偏好甚于或无差异于Y，而对Y的偏好甚于或无差异于Z，则对X的偏好甚于或无差异于Z。其次，证明阿罗公理与民主社会的五个条件是矛盾的。阿罗阐释了采取多数原则来表决的决定，势必会出现独裁现象。因为在民主主义社会中，往往根据多数原则来促成决策，但是在现实中，基于多数原则进行投票有时会导致投票的悖论效应。由此，阿罗认为，少数服从多数的投票机制，将产生不出一个令所有人满意的结论。

阿罗不可能性定理被公认为数学应用于社会科学取得的一项突出成果，使社会选择理论上升到一个新的发展阶段，对西方经济学产生较大影响。

5. 数学方法用于确定合适的数量指标值

在社会经济发展中，人们经常会遇到各种各样的经济问题，需要决策者作出判断和回答。例如，国民收入的分配、消费与积累、投资与储蓄、财政收支、产业部门发展速度、综合平衡等问题。在既定的社会制度下，这些问题解决得好，就会促进一国经济的协调发展，处理得不好就会导致经济的混乱。如何在制度既定的情况下确定合理的数量指标界限（或区域），就需要求助于数学方法。在具体工作中，经济学家往往结合多种科学方法，包括数学方法，进行科学决策，以确定合理的规模、速度、比例，使社会经济协调稳定地发展，如前面所提到的投入产出法。

6. 数学语言用于表达经济理论

数学语言由特殊的符号系统构成，简洁、严谨，具有非常强的逻辑推理性，适宜于叙述和分析严密的科学问题。而自然语言容易产生歧义，其内涵和外延具有不确定性，语句陈述具有模糊性等缺点。因此，数学语言可以为经济学理论的精确表述服务，克服用自然语言表述经济学理论的局限性。

例 5-4　恩格尔系数。

恩格尔系数中的家庭费用分为饮食费、被服费、住宅费、燃料灯火费、家用器具费、教育费、保安费、卫生保健费、劳务费等九项。恩格尔认为家庭越贫穷，其用于饮食的费用占总生活费用的比例越大；其他情况相同，饮食费用所占的比例大小是衡量人们物质生活水平的一种尺度，比重越低，生活水平越高。

国际上通常用恩格尔系数来衡量一个国家和地区人民生活水平的状况。中国也将恩格尔系数作为一个重要的衡量指标，以此为参考指标来规划和制订小康生活目标。

三、数学在经济学中的应用举例

数学成为现代经济学研究中最重要的工具，可以说几乎每个领域都或多或少地用到数学知识。上面简要举了数学在经济学的应用，下面再举若干个应用例子来进一步说明。

1. 利息、年金和投资决策

现在，企业与企业、企业与市场之间的经济往来，以及个人存款与贷款等，都要通过银行进行结算，这就必然产生借贷活动和利息。不同的借贷方式，其计算利息的方法和公式也不同。

例如，一次存入（或贷出）本金，按期（日、月、年）计息，上期利息不计入下期本金重复计息，称为单利。如果存贷款到期时，上期利息转入下期本金再次计息，称为复利。

又如，分期存入（或贷出）本金，每次本金（年金）固定（如银行小额储蓄，建立专项基金之类），n 期后本利和称为年金终值。

再如，由 n 期后本利和反求初期本金，称为本（年）金现值。

上述有关利息、年金的计算常常为投资决策、成本分析等提供了理论依据。一般地，经济生活中常用的计算公式有：

第一，单利现值和单利年金终值。

单利现值的计算公式为 $P = \dfrac{F}{1+nR}$；

单利年金终值的计算公式为 $F = P(1+nR)$；

其中，P 为现值，即第 1 年初的价值，F 为终值，即第 n 年末的价值，R 为年利率。

第二，复利与本利和。

复利的本利和计算公式为 $S = P(1+R)^n$；

复利的总利息计算公式为 $I = P(1+R)^n - P$；

其中，S 为本利和，P 为本金，R 为年利率。

2. 投资效益

投资效益，又称"投资经济效益"，就是投入固定资产的投资活动的社会劳动消耗与取得的有效成果之间的对比关系。投资是为了发展社会生产和提高人民生活水平，而通过投资所取得的经济效益，首先表现为新增固定资产，或新增生产能力与事业发展能力；其次，表现为固定资产投入使用后增加的社会产品和劳务对国民经济和社会发展的净贡献。由此，投资效益也可用数学公式来精确地计算出来。假如某项工程（设备）的一次投资额为 Q，每年收益为 A，收益 n 年，收益率为 R，则上述关系可以用公式来表示：

$$Q = \sum_{k=2}^{n} \frac{A}{(1+R)^{k-1}} = A\frac{1+R-(1+R)^{1-n}}{R} = f(R)$$

由此公式反解出 $R = f^{-1}(Q)$，即为投资收益计算公式。

3. 折扣销售

折扣销售，又称为商业折扣，是指销售方在销售货物或提供应税劳务时，因购货方购货数量较大等原因，为促进销售会给购货方优惠的价格。这种方式往往是相对短期的、有特殊条件和临时性的，常常在商品批发、一次性清仓等交易中出现。一般地，折扣销售都有其一套数学计算方法，消费者或商户往往利用折扣销售的计算方法来决定其购买或售卖商品的数量，尽量使自己的利益最大化。

4. 边际成本与边际利润

边际成本和边际利润是经济学和金融学中的两个重要概念，是运用数学原理创造的两个专业术语。运用边际成本方法可以帮助企业管理者进行相关分析和决策，具有重要的指导作用。边际成本的作用在于研究成本变化规律，配合边际收入，可以计算边际利润。边际成本和边际利润可以通过建立数学模型来进行计算，即微积分的方法来建立数学模型。

5. 需求弹性

需求弹性是经济学上另一个重要的概念，也是根据数学原理而创造的一个专业术语。需求弹性是用来刻画当商品的价格变化时，需求变化的强弱。

6. 风险决策

在不能准确把握未来的情况下作出某种生产或投资决策，带有一定的失败风险，故称其为"风险决策"。风险决策所面对的是未来事件，其可能发生的状态以及在此状态下的利益得失多少是知道的，但其发生与否是随机性的；只是其发生的概率可以根据已有的资料和以往经验来估计。那么，如何审时度势来进行决策呢？这要用到概率统计方面的知识。

第三节　诺贝尔经济学奖与数学

诺贝尔经济学奖被认为是经济学领域的最高荣誉，经济学界比较重视它。自设立以来，诺贝尔经济学奖就与数学结下不解之缘，其中大部分获奖成果都与数学有着密切的联系，但与此同时，还应理性地看待两者的关系。

一、由诺贝尔经济学奖看数学

为了更好理解诺贝尔经济学奖与数学的关系，我们选取了 1969 年到 2016 年诺贝尔经济学奖的得主，试图通过诺贝尔经济学奖得主的学术经历或学术成就，建立关于诺贝尔经济学奖与数学之间关系的一些认识。

1. 1969—2016 年诺贝尔经济学奖得主及其主要成就

1969 年，弗里希（Frisch）和丁伯根（Tinbergen），他们研发动态模型来分析经济过程。

1970 年,萨缪尔森,他用科学的方法发展了静态和动态经济理论,并积极促进了经济学分析水平的提高。

1971 年,库兹涅茨(Kuznets),他在研究人口发展趋势及人口结构对经济增长和收入分配关系方面作出了巨大贡献。

1972 年,希克斯(Hicks)和阿罗,他们深入研究了经济均衡理论和福利理论。

1973 年,列昂惕夫,他发展了投入产出方法,并运用到许多重要的经济问题。

1974 年,缪达尔(Myrdal)和哈耶克(Hayek),他们深入研究了货币理论和经济波动,并运用数学来分析经济、社会和制度现象的相互依赖性。

1975 年,康托罗维奇(Kantorovich)和库普曼斯(Koopmans),康托罗维奇创立线性规划要点,库普曼斯将数理统计学运用于经济计量学,他们共同对资源最优分配理论作出重要贡献。

1976 年,弗里德曼(Friedman),他构造数学模型考察货币供应量,以及由此引起的收入和价格的变化之间的关系,创立了货币主义理论,提出了永久性收入假说。

1977 年,俄林(Ohlin)和米德(Meade),他们对国际贸易理论和国际资本流动作了开创性研究。

1978 年,西蒙(Simon),他对于经济组织内的决策程序进行了先驱性研究。

1979 年,舒尔茨(Schultz)和刘易斯(Lewis),他们在经济发展方面作出了开创性研究,深入研究了发展中国家在发展经济中应特别考虑的问题。

1980 年,克莱因,他以经济学说为基础,根据现实经济中的有关数据作出经验性估计,建立起经济体制的数学模型。

1981 年,托宾(Tobin),他阐述和发展了凯恩斯的系列理论,以及财政与货币政策的宏观模型,在金融市场及其相关的支出决定、就业、产品和价格等方面的分析作出了重要贡献。

1982 年,斯蒂格勒(Stigler),他在工业结构、市场的作用和公共经济法规的作用与影响方面,作出了创造性重大贡献。

1983 年，德布鲁，他概括了帕累托最优理论，创立了相关商品的经济与社会均衡的存在定理。

1984 年，斯通（Stone），他利用统计等方法设计国民经济核算体系，极大地改进了经济实证分析的基础。

1985 年，莫迪利阿尼（Modigliani），他用数学模型提出储蓄的生命周期假说，在研究家庭和企业储蓄中得到了广泛应用。

1986 年，布坎南（Buchanan），他将政治决策的分析同经济理论结合起来，使经济分析扩大和应用到社会与政治法规的选择。

1987 年，索洛（Solow），他对增长理论作出贡献，提出长期的经济增长主要依靠技术进步，而不是依靠资本和劳动力的投入。

1988 年，阿莱斯（Allais），他在市场理论及资源有效利用方面作出了开创性贡献，对一般均衡理论重新做了系统阐述。

1989 年，哈维默（Haavelmo），他建立了现代计量经济学的基础性指导原则。

1990 年，马科维茨（Markowitz）、米勒（Miller）和夏普（Sharpe），马科维茨提出投资组合选择理论，米勒发展公司财务理论，夏普提出金融资产的价格形成理论，他们都是在金融经济学方面做了开创性工作。

1991 年，科斯（Coase），他揭示并澄清了经济制度结构和函数中的交易成本和财产权的重要性。

1992 年，贝克尔（Becker），他将微观经济学的理论扩展到对于人类行为的分析上。

1993 年，福格尔（Fogel）和诺斯（North），用经济史的新理论及数理工具重新诠释了过去的经济发展过程。

1994 年，海萨尼（Harsanyi）、纳什（Nash）和泽尔腾（Selten），他们都在非合作博弈的均衡分析方面做了先驱工作，对经济学和博弈论都产生了重大影响。

1995 年，卢卡斯（Lucas），他倡导和发展了理性预期与宏观经济学研究的理论，深化了人们对经济政策的理解，并对经济周期理论提出了独到的见解。

1996 年，莫里斯（Mirrlees）和维克瑞（Vickrey），他们研究了信息不对称条件下的经济激励理论。

1997 年，默顿（Merton）和斯科尔斯（Scholes），他们发明了确定衍生证券价值的新方法。

1998 年，阿马蒂亚·森（Amartya Sen），他基于数学理论，对福利经济学几个重大问题作出了贡献，包括社会选择理论、对福利和贫穷标准的定义、对匮乏的研究等。

1999 年，蒙代尔（Mundell），他把数学形式的分析、直观解释和直接政策应用的结果结合起来，精确预告国际货币布局和国际资本市场的未来发展。

2000 年，赫克曼（Heckman）和麦克法登（McFadden），在微观计量经济学领域，他们发展了广泛应用于个体和家庭行为实证分析的理论和方法。

2001 年，阿克尔洛夫（Akerlof）、斯彭斯（Spence）和斯蒂格利茨（Stiglitz），他们在不对称信息市场分析领域有突出贡献。

2002 年，卡纳曼（Kahneman）和史密斯（Smith），卡纳曼将心理学分析方法引入经济学研究领域，特别是与不确定状况下决策制定有关的研究；史密斯通过实验室试验进行经济方面的经验性分析，特别是对各种市场机制的研究。

2003 年，恩格尔（Engle）和格兰杰（Granger），他们用"随着时间变化的易变性"和"共同趋势"两种新方法分析经济时间数列，从而给经济学研究和经济发展带来巨大影响。

2004 年，基德兰德（Kydland）和普雷斯科特（Prescott），他们解决了有关宏观经济政策的时间一致性难题，探索了商业周期的影响因素。

2005 年，奥曼（Aumann）和谢林（Schelling），他们通过博弈论的分析，促进对冲突与合作的理解。

2006 年，菲尔普斯（Phelps），他在宏观经济跨期决策权衡领域取得突出的研究成就。

2007 年，赫维茨（Hurwicz）、马斯金（Maskin）和迈尔森（Myerson），他们对机制设计理论作出了奠基性成就。

2008 年，克鲁格曼（Krugman），他提出经济活动的贸易模式，以及关于区域的分析。

2009 年，奥斯特罗姆（Ostrom）和威廉姆森（Williamson），奥斯特罗姆运用边际理论等提出经济治理分析；威廉姆森主要在经济治理方面，尤其是企业边际领域作出贡献。

2010 年，戴蒙德（Diamond）、莫滕森（Mortensen）和皮萨里德斯（Pissarides），他们都在市场搜寻理论中作出卓越的贡献。

2011 年，萨金特（Sargent）和西姆斯（Sims），他们建立数学模式，在宏观经济学中对成因及其影响作实证研究。

2012 年，罗斯（Roth）和沙普利（Shapley），他们运用博弈论，创建稳定分配的理论，并进行市场设计的实践。

2013 年，法马（Fama）、汉森（Hansen）和席勒（Shiller），他们都运用数学模型对资产价格进行实证分析。

2014 年，梯若尔（Tirole），他对市场力量和监管进行分析。

2015 年，迪顿（Deaton），他用数学模型对消费、贫困和福利进行了科学的分析。

2016 年，哈特（Hart）和霍姆斯特罗姆（Holmström），他们在现代契约理论的基础上发展了不完全契约理论。

2. 诺贝尔经济学奖与数学的关联分析

诺贝尔经济学奖不仅见证了经济学的发展方向，而且也说明数学对于经济学的发展以及对于获得诺贝尔经济学奖起着至关重要的作用。

（1）诺贝尔经济学奖得主与数学关联分析

第一，从以上诺贝尔经济学奖得主所获学位来看，有数学学位的约占40%。第二，按运用数学的程度，将以上诺贝尔经济学奖得主分为"特强""强""较弱"三类。"特强"是指开创或直接运用一种或若干种数学方法于经济学研究；"强"是指经济学领域的研究包括一些数学应用；"较弱"是指经济学研究很少运用数学方法或理论，如仅将政治决策分析同经济理论结合起来。结果发现，运用数学"特强"的超过一半，运用数学"特强"或"强"的共约占八成。这些充分说明了经济学与数学之间的密切关系，也说明数学对于现代经济学的发展是非常重要的。

（2）诺贝尔经济学奖得主关于数学与经济学的倾向性观点

数学在经济学中的应用主要体现以下三个领域：一是数理经济学，主要运用微积分、线性代数、集合论、拓扑学等数学工具来表述经济理论，并进行推理和证明；二是计量经济学，即根据经济理论，将经济变量间的相互关系，用联立方程构建数学模型，再根据实际的统计资料，对模型的参数进行估计，最后反过来检验理论的正确与否，并进行经济预测；三是在纯经验分析中，通过对大量统计资料的分析而归纳出某些经济规律。但是，诺贝尔经济学奖得主们对于数学运用于经济学研究却有着不同的看法和观点，大致有以下三种：

第一种观点重视运用数学理论和方法研究经济学，也就是用数学的思维思考经济学理论。

例如，萨缪尔森的《经济分析基础》，提出以物理学观点和古典数学方法来引证、推理经济学理论。他认为，经济学是一门兼有文、理两科优点的学科，一方面与其他人文社会科学，如心理学、社会学、历史学有互相重叠之处，另一方面，其研究方法还兼有逻辑学和几何学的演绎法、统计推断和经验推断的归纳法。德布鲁也有与萨缪尔森相类似的观点。他认为：数学有助于使经济理论实现简化。又如，德布鲁运用拓扑学方法，对阿莱斯的一般均衡的存在提供了数学证明，由此出版的著作被认为是经济学在数学上成熟的重要标志。

第二种观点认为，经济学的研究工作包含着大量数学应用内容，也就是强调将数学应用到经济学中。

例如，克莱因广泛推广经济计量模型，使其不仅在科研机构，而且在公共行政和大型企业中得到普遍的应用。克莱因参加了芝加哥大学考尔斯委员会的经济计量工作组，从事编制经济计量模型的工作；克莱因先后为加拿大、日本、以色列和墨西哥等国单位编制模型。后来，克莱因建立了一个整体国际经济模型，将多个国家的模型编制者召集到一起，运用国际经济模型来分析各国经济的国际联系。

托宾曾说过著名的警句："不要将所有的鸡蛋都放一个篮子里。"托宾曾在芝加哥大学考尔斯委员会工作，同萨缪尔森等人共同捍卫、发展凯恩斯的宏观经济学，使凯恩斯的总需求管理政策系统化、具体化，并与新古典经济学相结合，创造性地分析金融市场、金融与实物现象之间的传送机理，研究政府预算赤字和一般稳定政策对经济的影响。

第三种观点主张，不提倡运用数学和统计学作为经济学的研究工具。虽然诺贝尔经济学奖得主大部分有数学背景或者将数学运用于经济学，但是还有部分获奖者的工作与数学没有密切关系。

例如，布坎南的经济学贡献在于：将个人之间相互交换的利益概念转移到政治决策的领域中，使得政治过程成为一种旨在获得相互利益的合作方法，打破了经济与政治、法律之间的界限，将它们融为一体，从而恢复了古典政治经济学的传统。其观点是，任何政治决定都是一种经济行为，而政治决定也会改变社会财富的分配。

又如，科斯所研究的经济工作与数学无关，他揭示了交易费用在经济组织结构的产权和功能中的重要性。他认为，经济学类的课程可能教会人们观察和认识经济现象，但是也有其局限性，即限制了人的自由思维。[①]

二、理性地看待诺贝尔经济学奖与数学的关系

前面已提到诺贝尔经济学奖得主与数学有着重要的关联，但也存在着不同的认识，那么如何理性地认识诺贝尔经济学奖与数学的关系呢？

从历史上来看，数学在经济学中的运用可以追溯到 17 世纪的英国经济学家配第，而系统地利用数学方法来研究经济问题是从 19 世纪 30 年代的数理学派开始的。19 世纪 70 年代，微积分运用到经济学研究而产生风靡一时的所谓边际学派，这是进一步用数理分析来研究经济学的结果。到了 20 世纪 50 年代，数理分析更加深入地应用于经济学，提出了诸如一般均衡理论、增长理论和计量经济学等理论，从而使得经济学有更强的数学基础，导致所谓"主流"经济学是以数学为其唯一的标志，诺贝尔经济学奖是其重要的风向标。但是，我们不能将其绝对化。虽然诺贝尔经济学奖大部分与数学有关，但也有一部分与数学无关；另外，还有中国的经济发展，这也困扰了习惯于数理分析的西方经济学家，但同时也使中国经济学家难以解开诺贝尔经济学奖的情结。中国经济学家以马克思主义经济学为指导思想，认为"马克思主义经济学是历史方法和逻辑方法的统一"，"数学在经济学当中只是一个辅助工具"。由此，我们需要理性地看待诺贝尔经济学

① 徐菲. 经济学诺贝尔奖获得者与数学和统计学. 社会观察，2003，（2）：32-33.

奖与数学的关系。

经济学现已形成了一整套的理论体系，特别是数学运用于经济学，它可以帮助人们解释、描述或预测许多经济现象和问题，但它不可能直接去解决经济问题。

经济学家应该具有综合考虑问题的素质和能力，不仅关注经济社会的发展与社会弱势群体，而且还要从专业的角度来看，借助数学来进一步提高学术成果的客观性、科学性、公理性、普适性。这两者并不矛盾。虽然诺贝尔经济学奖与数学存在着很大的关联，但是这一关联并非诺贝尔经济学奖的唯一评价标准。因此，中国经济学家面对诺贝尔经济学奖的情结，更要科学地、理性地运用数学的视角来考察中国社会经济现象，以经济学服务中国。弗里德曼认为，如果有人能正确地解释中国的改革和发展，那么他就能获得诺贝尔经济学奖。①

总之，经济学与数学的关系可以概括为：数学是经济学研究的有力工具，这两者之间是互补的而不是替代的关系。我们用数学工具帮助经济学的分析，但是多数的、主要的分析领域是靠经济学知识，而不是靠数学取胜。

第四节　理性地看待经济学与数学的关系

经济学和数学是两门不同的学科，但两者的结合表现为相互影响、相互渗透，数学为经济学研究带来新的生机，但同时也有局限性，需要辩证地看待。前文已谈了诺贝尔经济学奖与数学的辩证关系，讨论了经济学与数学的关系，下面进一步谈谈经济学与数学相结合所带来的哲学启示及其理性分析。

一、经济学与数学结合的哲学启示

1. 经济学与数学结合的必然性

经济学与数学相结合是由该两门学科之间的本质联系所决定的，表现为

---

① 刘开云. 理性地看待"数学化"与诺贝尔经济学奖. 经济前沿, 2006, (7)：52-55.

定性与定量的结合。经济学中广泛存在着数量关系，如经济量的取值范围、经济量之间的数量关系、大量的经济统计与计算、经济评价、经济预测等；而数学研究的是一般的数量关系。因此，这种质的共同点决定了数学应用于经济学的定量分析的必然性，没有定量分析就没有现代经济学。

一般地，经济学的数学定量分析已得到人们的认可，但是由于经济学的复杂性和人文性与当时数学发展水平的不相适应，人们却往往难以接受甚至质疑数学在经济学的定性分析中的应用。所谓数学在经济学的定性分析中的应用，就是以抽象的数学语言和形式来表述经济概念，探索经济运行的机理与规律，以及阐述完整的经济理论。

经济学与数学在哲学层面有其共同性，决定了二者结合的必然性。在长期的发展中，经济学形成了一整套的研究方法，特别是经济学形成了以逻辑严密为特点的思想方法，表现在：一方面，经济学研究以抽象数学模型为具体载体；另一方面，经济学以数学语言来表述与展开理论。因此，经济学与数学的特征与发展需求使得二者在定性分析和定量分析上结合在一起，从而产生了数理经济学。

2. 经济学在与数学结合中表现其多样性

事物的多样性统一是事物内在矛盾运动的结果。因此，多样性是事物的本质属性，既有质的多样性也有量的多样性，而任何一个事物的多样性总是在与其他事物的联系中表现出来的。经济学在与数学的交叉中充分表现了自身的多样性发展。

经济学分为宏观经济学与微观经济学，这种分野、交叉与协调在与数学的结合中进一步展现出自身丰富的理论内涵。

微观经济学是以市场为中心，研究在价格信号的调节下，需求与供给的形成、运行与平衡，研究资源通过市场的优化配置。微观经济学的发展与数学的应用紧密相关。数理经济学的核心部分有大量使用现代数学手段来研究各种理想模型的理论微观经济学，还有直接用于经济分析、预测、决策和政策制定的应用微观经济学。

宏观经济学的发展也离不开数学工具的深入应用，特别是数理统计方法与经济学相结合而产生的计量经济学，成为宏观经济学进行系统研究的主要手段。与微观经济学相比，宏观经济学以经济系统的总量及其相互关系为研究对象，在就业、通货膨胀、经济增长及其相互关系等基本问题的研究中，以数学中的函数和方程为主要语言，提出了多种经济系统和各个发展阶段的数学模型，使得宏观经济的基本问题展现出丰富的层次与变化。

3. 经济学与数学的结合表现出抽象上升到具体

经济学与数学的结合是经济学中的抽象规定上升到思维的具体过程。它所表现与揭示的不是经济生活中的具体现象，而是经济理论中的概念、机理与规律的各个侧面，是抽象语言与形式表达的抽象中的具体，以数学语言与形式为主要表现方式之一。

例如，一般认为，经济均衡是微观经济学的核心问题。均衡概念揭示的是：在价格信号的调节下，在达到最优目标的同时使经济量达到平衡。在微观经济学中，均衡这个范畴具有最抽象、最简单与最一般的特性，即它以价格、需求和供给作为其子范畴，它包含微观经济学的各种基本矛盾。因此，均衡可作为抽象到具体的逻辑起点。各种经济均衡的数学模型的建立与研究展示了均衡的基本属性以及各种形态，从而展示了整个微观经济学的研究。

4. 经济学与数学的结合反映"实践是检验真理的唯一标准"

任何一门科学、任何一个理论都是在一定的抽象规定或假设条件之上发展起来的。这种抽象规定或假设条件是对现实世界进行大量观察、分析与归纳的结果，是人的主观世界对客观现实的一种提炼。但这种提炼必须经过实践的长期反复的检验。

在经济学中，首先是从现实经济中提取出来经济量，由此建立最基本的关系式，然后运用数学语言与形式来构造出模型，并试图由此模型来反映经济现象。因此，这个经济模型是在基本假定之下，其所推演的结果都符合数学思维所遵循的逻辑体系，都符合已知的数学理论。但是，事物是发展的，其真理性需要通过实践来检验，这个经济模型也必须放回到现实经济的实践中去，可以说"实践是检验真理的唯一标准"。

但与此同时，我们还必须认识到：经济实践对经济模型或理论的检验是辩证的过程，既不能全盘肯定也不能全盘否定。实践的检验总要指出模型的成功与失败之处，指出模型的适用范围在哪里。每一次成功是对模型的支持，而每一次否定又是划出了模型的新的度。[①]

二、辩证地看待经济学与数学的关系

经济学与数学的结合不仅推动了经济学的发展，帮助经济学家进行有效的经济研究，而且也为数学提供了应用空间。但是，我们需要辩证地看待经济学与数学的关系，在认识到经济学与数学结合的优点外，还要清醒地看到数学在经济学的应用中产生了一些问题。

1. "数学滥用"

"数学滥用"（mathiness）是罗默（Romer）创造的一个经济学术语。在经济学研究中，他发现，数学应用于经济学时，各种符号与理论描述之间存在着一些难以逾越的鸿沟，也就是说，自然描述与正式表达、理论推导与实证事实之间不具有充分的说服力，没有更好的数学表达可用于经济学现象，这样会阻碍经济学研究。因此，纠正"数学滥用"成为必要。

2. 数学的错用

数学的错用是指经济学研究中使用了错误的数学理论或数学概念。凯恩斯曾经指出，推演逻辑还要依赖直觉或者对逻辑关系的直接感知，结论一般部分地暗含在前提条件中。所以，数学不能错用。如果数学理论被错用，就会使得数学的推导逻辑被打破，丧失了数学模型解释的能力。例如，构造性数学在经济学中的应用总是让人有一种已知 $A+B$ 可以证明 C 的感觉，所以为了得到 C 这个结论，而去拼凑 A 和 B。这样，经济学推演顺序被颠倒过来，具有一种为了某种理论结果进行狡辩的意味，而这种理论结果往往是作为已经发生了的事实被拿来进行推演验证。这就丧失了使用数学模型进行经济学预测的意义。

3. 强行使用数学

强行使用数学可以理解为，在经济学研究中，不需要使用高深的数学知识的地方，为了使用数学知识而强行使用数学。凯恩斯曾指出，皮尔逊的统

---

① 韩立岩. 试论数学与经济学相结合的哲学启示. 自然辩证法研究，1991，7（9）：50-55.

计学应用了不必要的复杂的数学工具。强行使用数学并不能帮助经济学研究，反而会使经济学研究更加复杂。如果通过数学语言来解释经济学问题，那么经济学问题就转换成了由数学符号组成的数学公式。这时，经济学问题中的概念只表示为数学符号，经济学命题只表示为数学公式，经济学命题的推导变成了数学公式的变形。数学能展现的只是公式中数学符号之间的关系，并不包含对公式所代表的内容的思考。但数学推演之后，所有的数学符号还是要被转换回描述性的语言。而转换的内容同我们引入数学公式之前的经济学表述的一致性值得探讨。

由此，应该辩证地看待数学与经济学的关系，大致体现为以下几点。

1. 数学只是经济学研究的一种工具，但不是全部

在凯恩斯看来，数学只是经济学的众多研究工具中的一种，当工具的使用条件被满足时，经济学家便可以选择使用这种工具。当经济学现象满足数学方法应用的条件时，数学便可以发挥它的职能。

由此，凯恩斯提出，经济学研究首先是质的逻辑分析，然后根据条件，再进行量的或数学分析，这种顺序决定了数学在经济学中应用的范围。例如，不能把概率单纯地看成一个纯数学概念，而忽略了概率的逻辑基础。

2. 数学是一种经济学的研究工具，但并非万能

数学为经济学研究提供了有效的研究工具。历史上，随着数学技术的不断发展，经济学不断吸收和利用这些新的数学技术，从而极大地促进了经济学的发展。也就是说，数学的发展为解决经济学问题提供了技术条件。例如，"人力资本"作为变量出现在经济增长模型中，在没有借助数学技术时，经济学家对人力资本的认识有局限性。随着经济学和数学技术的不断发展，会有越来越多的变量可以被量化，数学在未来可以在经济学中被更广泛地应用。

但是在现实中，经济学往往出现理论与应用的分离，这实际上是由于经济学没有建立不同精确概念之间的联系。在经济学中，结论性的理论往往不是以数学的形式呈现的，因为数学论证还不能够解答经济学的所有问题。同时，还应认识到数学在研究经济学时出现某种无效性，前提假设并不能够百分之百还原真实的经济场景。还原现实场景需要非常大的运算量，再加上现实生活的复杂多变性，这些都使得经济学家在进行数学模拟运算时很难考虑周全。

总之，经济学不能滥用、乱用数学，而较好地运用数学会极大地方便经济学研究者的工作，并会促进经济学的发展前进。一般地，经济学运用数学的基本思路是：首先选择需要分析的原始经济概念，然后再将这些概念利用数学方法表示出来，结合实际经济现象找出数学分析所需的前提假定条件，最后利用数学推导来分析经济现象。

第六章 教育学与数学

教育是人类社会所特有的一种现象。恩格斯认为,动物与人的本质区别在于,动物仅仅是利用外部自然界,简单地通过自身的存在而从自然界中索取其生存的物质,而人则通过主动认识和改造自然,而使自然界为人类服务,并由此来支配自然界。一般地,人类是通过继承前人经验的方式来认识和改造自然,其基本途径是教育。数学是研究现实世界空间形式和数量关系的科学,是认识和改造自然的重要学科。因此,不仅数学成为教育中的一门重要学科,而且教育学还主动运用数学方法而成为一门科学。

第一节 关于教育学的若干问题

教育学是一门独立的学科,是研究人类教育现象和问题,并揭示一般教育规律的科学。教育学关注的一些基本问题包括:什么是教育?教育的目的是什么?什么是课程?什么是教学?等等。但这些又都是不断发展的。数学教育作为教育学的一个分支,必然涉及这些基本问题,即什么是数学教育?数学教育的目的是什么?什么是数学课程?什么是数学教学?等等。但数学教育的这些基本问题并不是简单的"数学+教育",它们既有联系,也有区别。

一、什么是教育

古今中外,人们都比较重视教育,但是受当时社会、科学等因素的影响而演绎出对教育的不同理解。中国很早就关注教育,中国的甲骨文出现"教"和"育"两字就是一个例证。西方也关注教育,英文是 education。

什么是教育?目前还没有统一的定义。因为教育是一个不断发展的概念,同时也反映人们对教育不断深入的认识过程。因此,古今中外,人们对教育的含义有不同的解释,并且不断地发展和深化。例如,孟子认为,人性生来是善的，教育的意义在于使人固有的善性得以保持。荀子认为，人性生来是恶的，教育的作用在于使人的恶的本性转向善。法国启蒙思想家、教育家和哲学家卢梭认为，教育应当依照儿童自然发展的程序，培养儿童固有的观察、思维和感受的能力。裴斯泰洛齐（Pestalozzi）认为，教育的目的在于发展人的一切天赋力量和能力。

上述教育家从不同的角度强调了教育的不同作用，分别提出各自的观点，但也存在着共同点，即教育是有目的地培养人的活动。由此，我们可以归结关于教育的质的特点，主要有以下几点。

1. 有目的地培养人的活动

教育是一种自觉的、有目的的活动，其首要任务是促进年轻一代在德、智、体、美、劳等方面的全面发展，使之逐渐成为适应与促进社会生活各个方面发展所需要的人。

2. 传承经验的互动活动

教育是有目的地引导年轻一代以及其他的受教育者来学习、传承和践行前人的经验，以语言文字、图像符号等多种形式来学习前人的经验，并在生活与实践中领悟前人经验的社会意义，由此发展受教育者的智力和品行，使之成为能适应和促进社会发展所需要的人。

3. 自觉学习和自我教育的活动

教育的最终目的是使受教育者能独立地开展相关的活动，成为社会真正有用的人。因此，只有提高受教育者学习与自我要求的积极性，才能使受教育者自觉地进行自我教育和自我建构，从而达到教育的最终目的。

由此，关于"什么是教育"的一种回答，可以概括为：教育是有目的地引导受教育者能动地学习与自我教育，以促进其身心发展的活动。[①]

二、教育目的是什么

教育目的是对教育活动所要培养的人的个体素质的总的预期与设想，是对社会历史活动的主体的个体素质的规定。它体现了一定社会对受教育者质

---

① 王道俊，郭文安. 教育学.7 版. 北京：人民教育出版社，2016：11-16.

量规格的界定和要求，也体现了人自身发展所应该达到的水准和高度。

一般地，教育目的是从狭义上来认识和理解，是指学校教育的目的。教育目的是教育活动主体的目的，是主体建构之物。建构教育目的有其现实的社会根源。恩格斯认为，人是在社会历史领域内进行活动的。教育目的的建构应反映社会发展规律，也应反映人的发展规律。

三、什么是课程

"课程"一词，在中国最早始见于唐宋时期，当时的意思是秩序。在西方，英文 curriculum 一词最早来源于拉丁语，其本义是指如同跑马道一样的东西。随着教育理论的不断深化和教育实践的不断丰富，"课程"的内涵也在不断扩大，逐步演变成为具有多重意义的一个基本范畴，并且仍然是一个不断发展中的概念。因此，"课程"也很难有一个统一的定义。

目前，有一种比较流行的关于课程的定义，即课程是由一定的育人目标、特定的知识经验和预期的学习活动方式所构成的一种蕴含丰富、又有创造性的计划与设定。从育人目标的角度来看，它是一种培养人的蓝图；从课程内容的角度来看，它是一种适合学生身心发展规律的、连接学生直接经验和间接经验的、引导学生个性全面发展的知识体系及其获取的路径。也就是说，课程是依据育人目标设置的、规范师生教学活动的课程方案，以及具体化为可以组织师生教学以促进学生发展的教科书。

一般地，"课程"有广义和狭义之分，广义的课程指所有学科的总和，如小学课程、初中课程、高中课程等；狭义的课程指一门学科，如语文、数学、外语等。

四、什么是教学

教学是在一定教育目的规范下，在教师有计划的引导下，学生能动地学习、掌握系统的课程预设的科学文化基础知识，发展自身的智能与体力，养成良好的品行与美感，逐步形成全面发展的个体素质的活动。简言之，教学是在教师的引导下学生能动地学习知识以获得素质发展的活动。

任何一项活动都具有其目的性，为了达成教学目的，教学一般都有其具体的任务。中国基础教育的教学任务主要有：掌握科学文化的基础知识、基本技能和技巧；发展学生的体力、智力和创造才能；培养学生具有正确的情感、态度与价值观。

上述提到教育学的若干问题，数学作为教育的一门课程，必然涉及这些问题。此外，数学教育作为教育学的一门学科，必然需要数学为其提供相应的研究方法和手段。下面主要围绕这两个方面来具体地说明教育学与数学的关系。

第二节　数学是基础教育的基本课程

自古以来，数学作为一门课程，很早就被列入教育计划之中。在现在的中小学里，从小学一年级到高中三年级每学期一定都开设的课程，必有数学和语文。世界其他国家也大体如此。

一、中国数学教育简况

中国很早就把数学纳入儿童教育的范畴。周朝曾把数学作为儿童学习的"六艺"之一，此后这成为中国古代教育的传统。例如，中国古代传统数学著作《九章算术》是当时及以后很长时间里中国人学习数学的教科书。

到了隋唐时期，为了大力发展数学教育，数学被列为官学课程。隋朝设立算学馆，唐朝沿袭了隋朝制度，并把数学作为科举考试中与明经、明法、明书、秀才、进士并列的六科之一，当时称为明算科。唐朝数学家李淳风等人受命整理数学典籍，注释"算经十书"，除了《九章算术》外，还包括《周髀算经》《海岛算经》《夏侯阳算经》《张丘建算经》《五经算术》《五曹算经》《缀术》《缉古算经》《孙子算经》；后来，因为《缀术》失传，而代之以《数术记遗》。"算经十书"便成为国子监学习和考试的专用教材，也成为后世相当长一段时间内的数学教学和研究的重要依据。

到了明代晚期，中国古代传统数学开始衰落。国子监的算学一般只是学习算术四则运算，考试内容是以朱熹集注的"四书"为主，但是没有数学内容，这严重打击了当时的数学和数学教育。与此同时，传教士利玛窦来华，为了达到在中国传教的目的，将西方数学和天文学知识带到中国。利玛窦和中国学者徐光启合作完成了欧几里得《原本》前几卷的中文翻译，西方数学从此开始逐渐进入中国传统数学领域。但是，此时的西方数学并没有在中国广泛地得到运用。

到了清朝初期，中西数学交流开始出现融合。清末中国创办洋务学堂——京师同文馆，开始了不同于以往用科举考试来选拔人才的新的育才方式。随后，各类新式学校在中国开始兴办，数学课程也正式成为各类学校教育计划的学科之一。但当时，中国在"中学为体、西学为用"的思想指导下，学校的一部分课程仍然是读书讲经，延续中国古代封建社会的课程体系，另一部分则是从西方引入的自然科学与社会科学。当时的数学教材主要是"算经十书"、《原本》和《数理精蕴》。到了1905年，延续千余年的科举制度被废除，中国新式学校普遍采用西方翻译教材。到了民国时期，中国自编的数学教科书不断出版，并投入使用。

新中国成立以后，数学在学校教育中有了快速发展，大体经历以下四个阶段。

1. 新中国成立的初创阶段

在这个阶段，中国主要是全面学习苏联，彻底改造旧的教育制度，创建社会主义教育新体系。除了开始试用编译的苏联中学数学教材外，还对全国的中学数学课程进行了统一的改革和调整，但基本上仍然使用新中国成立前的旧数学课本，并加以必要的精简。这一阶段主要是学习苏联数学教育的经验，明确了数学教学目的、内容和要求，奠定了社会主义数学教育的基础。

2. 1958 到 1965 年

在这个阶段，中国开展了各种数学教学改革试验，进一步探索和研究中国特色社会主义数学教育体系，基本确定了数学教学内容及其现代化方向；但是犯了"左"的错误，削弱了数学知识和教学，过分强调生产劳动、联系实际，影响了数学教学质量。

3. 1966 到 1976 年

在这个阶段，受当时社会的影响，数学教育遭到了严重的破坏，甚至出现倒退的现象。

4. 1977 年以后

这个阶段首先是拨乱反正，开始了社会主义数学教育现代化的历史新阶段，主要包括以下方面。恢复高考，开展全国中学数学竞赛。制订新的数学教学大纲，编写新的数学教材：提出了新的教学目的；数学内容上，精简传统数学内容、增加近代数学知识和渗透现代数学的基本思想，加强中学数学基础知识。此后，不断深化改革，不断地完善和修订数学教学大纲，统编新的数学教材。《义务教育法》是中国教育史上一个新的里程碑。根据中学教育普及的实际情况，以提高学生素质为主要要求，中国数学教育进行新一轮的课程改革，这是适应国际大众教育理念的结果，并影响到现在。改革的整体思路是：降低数学的难度，扩大知识面，强调数学与学生生活的结合以及数学的应用。就数学教学内容而言，减少了传统的几何学和三角学烦琐的计算和困难的推理，代之以应用性强的概率统计、算法和简易逻辑等。另外，将数学教学内容分为必修和选修两部分，数学史和现代数学的一些观念进入选修系列。[①]

总之，新中国成立之后，在不断探索的基础上，中学数学教学水平有长足发展，其质量之高已为世界所公认。中国的中学生在国际奥林匹克数学竞赛中的成绩就是一个好的例证。中国选手从正式参加国际竞赛以来，多次获得团体冠军，多次获得金牌数量第一。这使得美国和其他国家的数学教育家，多次到中国来取经。由此，可以得到的经验是：中国的数学教育改革，只能改掉不适应形势发展的方面，而不能改掉原有的好的方面；中国应该保持自己的优良传统，更新教育观念，学习外国好的经验，使中国数学教育更上一层楼。

二、西方数学教育简况

西方数学教育可以追溯到古希腊哲学家和教育家柏拉图创建的柏拉图学园。柏拉图学园非常重视数学课程，把数学教育排在前列。柏拉图认为，只有把数学学好了，才能去学习其他课程；数学是所有教育课程的基础。他的这种教育思想，对西方数学教育的影响很大。有很长一段时间，欧几里得的

---

① 颜秉海，文晓宇. 中国数学教育史简论（续）. 数学通报，1988，（8）：29-31.

《原本》是欧洲人学习数学的主要教科书，直到 16 世纪数学教材分科，分出算术、代数、几何三科，摆脱了宗教的影响，奠定了西方中学数学教育的格局，成为以后欧洲数学教育的范本。

19 世纪末 20 世纪初，世界科学技术发生了比较大的变化，原有的学校数学教育内容已经不能适应社会的需要。贝利（Perry）提出了改进数学教育的一些主张。他认为，数学要从欧几里得《原本》的束缚中走出来，重视实验几何和几何应用，重视实际测量和近似计算等；主张让学生自己去思考、发现和解决数学问题，强调数学教育的普遍意义等。穆尔（Moore）提倡将几何、代数、三角等学科融合为一门综合的数学课程。F.克莱因也提出改革数学教育的口号，并在全世界掀起了规模浩大的数学教育改革运动，其主张要点是：

第一，教材的选择和编排要适应学生心理的自然发展。

第二，融合数学的各个分科，密切数学与其他学科的关系。

第三，避免过分强调形式的训练，应当强调数学的应用，以便充分发展学生对自然界以及人类社会诸现象进行观察的能力。

第四，为达到此目的，应将函数思想和空间观察能力作为数学教学的基础。

这些观点后来形成了数学教育大纲。F.克莱因的数学教育观点和其名著《高观点下的初等数学》对全世界的中学数学教育改革起到巨大的指导作用，直到现在。

20 世纪 30 年代，布尔巴基学派以重振法国数学为己任，提出了按照"数学结构"原理将数学的各个分支加以分类的观点，也就是以集合论的概念和公理化的方法为基础，确定并建立一系列的基本结构（代数结构、拓扑结构和序结构）。这种数学结构思想与心理学家皮亚杰（Piaget）发现的数学思维结构相似。皮亚杰提出数学的教学任务是使学生借助思维结构去认识数学。

自此以后，各国的中学数学课程，时分时合，反复变更，中国也是一样。实际上，数学课程的"分"与"合"各有千秋。"分"的好处在于可以按数学的学科体系，编排教材，更有科学性；"合"的理由在于使数学的各科知识融会贯通，更能体现数学思想方法，促进数学的应用。

由于苏联的人造卫星成功发射，美国和西欧国家的教育家们认为，西方科学技术落后于苏联，并将其落后的原因归结为中学数学教育的落后。由此，以美国为首的西方国家，掀起一场旨在改革中学数学教育的声势浩大的"新数学运动"，并对世界各国的中学数学教育改革产生了深刻的影响。这场改革的部分内容可以参考心理学家布鲁纳（Bruner）的教育思想：

第一，学习任何学科，务必使学生理解该学科的基本结构。

第二，任何学科的知识都可以用某种方法教给任何年龄的学生。

第三，让学生如同科学家那样亲自去发现所学习的结论。

第四，激发学生学习积极性的首要条件不是考试，而是对学习的真正兴趣。

这场"新数学运动"的主要目的在于促使中学数学教育现代化，其具体做法是将现代数学的许多概念、知识和方法，纳入中学数学教材中去。由此，"新数学运动"的最大成果是编辑和出版了中学数学教材——《统一的现代数学》。"新数学运动"的指导思想是在中学引进现代数学的概念，使整个数学课程结构化，体现在：第一，增加现代数学内容；第二，强调结构化、组成统一的数学课程，不再分算术、代数、几何等科目，而是用集合、关系、映射等思想观点，把数学课程统一成为一个整体；第三，采用演绎法，强调公理方法；第四，废弃欧几里得几何，把平面几何与立体几何合并，用变换观点或线性代数的方法来处理；第五，削减传统的计算，认为大量的传统计算无助于加深学生对方法的理解。[①]

但是，由于现代数学内容过于抽象和高深，"新数学运动"试验的结果是：《统一的现代数学》教材没有被大多数中学数学教师接受或理解，由此也无法在中学实际使用。因此，"新数学运动"实行十年以后，不得不宣布失败。

目前，数学教育改革仍然在世界各国继续进行。"新数学运动"留下了一些宝贵的经验教训，今天仍然值得借鉴，主要有以下几点。第一，数学教育改革是一项非常复杂的、系统的社会大工程，要考虑到社会、教师和学生等各方面的实际情况，改革要科学地、循序渐进地进行，不能急于求成。第二，数学教育现代化主要是教育思想现代化，而不是简单地在教材中增加现代数学内容。第三，现代数学更不能简单地直接进入中小学教材。

20 世纪 80 年代开始，大众数学作为一种教育思想在世界兴起，使得基础

---

① 胡典顺，徐汉文. 数学教学论. 武汉：华中师范大学出版社，2012：25-39.

教育的目的发生了变化：从过去的主要为升学做准备转变到了为学生提供今后得以发展和接受继续教育的基础，主张"以学生的发展为本"。这种数学教育思想一直持续至今。

三、数学课程的意义

古今中外，世界各国都非常重视数学教育。数学课程有其独特的教育意义，这是由数学课程体系客观存在的属性所决定的。同时，世界各国也认识到，数学课程随着历史的推移而不断演变。但无论数学课程如何演变，世界各国都意识到数学课程的重要意义，概括起来主要有以下几点。

1. 文化意义

数学是人类文化的最重要载体之一，具有保存、传递、发展、提高文化的功能。具体来说，第一，数学具有独特的风格和思维方式，特别是数学思想对人类思想的发展具有重要的意义。第二，数学是一种语言，具有保存人类解决数学问题的思维、方法和过程的作用。第三，数学是在一定文化背景中产生和发展的，同时，数学的发展反过来影响整个文化进程。因此，数学作为基础教育课程之一，有传承和发展人类文化的功能。

2. 教育意义

数学作为基础教育的基本课程，具有独特的教育价值，体现在：第一，数学构成人的基本素养，尤其是数学的思想方法、数学的精神，是每一个公民所必备的素养。现代化科学技术的核心是数学技术，要求公民具有一定的数学知识和素养。第二，数学是构成人的精神、思想和文化的重要因素，有利于学生形成良好的道德品质、确立正确的思想观点。第三，数学是一门具有抽象性、逻辑的严谨性和应用的广泛性的学科，揭示现实世界的空间形式和数量关系的规律，反映事物的发展变化规律，这些可以极大地发展学生的辩证思维能力。

3. 应用价值

数学高度的抽象性决定了其具有广泛的应用性。因此，数学课程承担起普及数学的应用价值的功能，也就是培养学生接受数学作为其他各学科必要工具的意识和能力。具体来说，第一，数学课程指导学生理解和把握数学运用于其他学科的基本方法和基本思想，指导学生接受数学作为一种科学语言。第二，数学课程教会学生掌握数学的基础性知识和技能，从数学的角度来认识一些自然现象、社会现象及其规律。第三，数学课程让学生意识到数学对人的终身发展起到基础性作用。

4. 思维价值

数学思维是一种十分重要的思维形式，表征着人类的智能本质与特征。数学活动是创造性较强的活动，它对人的科学思维与创新意识、创新能力的培养起着重要的作用。也就是说，数学作为训练思维的工具，可以提高人的思维能力；同时，数学活动过程是一种再创造、重新发现，通过观察、实验、归纳、模拟、猜想、验证等活动，概括抽象出数学概念，提出数学命题，通过建立数学模型，解决实际问题。[①]

当然，由于数学抽象性的显著特征，有的学生对数学敬而远之，有的学生甚至害怕数学、讨厌数学。数学教育改革的一个重要的方面，就是要让数学生动起来，变得"好玩"，以便引起学生学习数学的兴趣。陈省身在给中学生、数学爱好者题词时写道："数学好玩"。但如何能使数学真正"好玩"起来，这是值得数学教师认真研究，并设法解决的问题。

第三节　大众数学和数学技术教育

数学的应用广泛性决定了，数学除进入各个学科之外，也已经渗透到大众生活的方方面面。由于"新数学运动"的受挫，以及随后的"回到基础"改革的失败，数学的大众化日益为人们所关注，这是现代社会发展的一个重要趋势，也是数学教育发展的一个方向。因此，数学普及教育也就成为必然。

一、大众数学的由来

大众数学也称为"为大众的数学"或"人人都要学的数学"。大众数学是

---

① 宋宝和，等. 现代数学课程理论与实践. 济南：山东大学出版社，2006：1-23.

针对以往精英数学教育的不足而提出的口号，主要有两层含义：第一，数学教育必须照顾到所有人的需求，并使得每个人都从数学教育中尽可能多地得到益处；第二，通过数学教育，应该有一个人人都能达到的水平。

大众数学的理念早在 20 世纪上半叶已被人们所注意，但直到 20 世纪 80 年代，由达米洛夫在国际会议上提出来，才得到世界范围的关注和广泛反响。后来，联合国教科文组织进一步提出了"大众科学"的口号。国际数学教育大会专门设置了"大众数学"专题讨论组，并指出它是当前数学教育的主要问题之一。这些使得"大众数学"受到广泛而深入的探讨。[①]

中国开始接受并实施国际大众数学的理念，在数学教学大纲中引入大众数学的思想，明确指出：使学生学好当代社会中每一个公民适应日常生活、参加生产和进一步学习所必需的代数、几何的基础知识与基本技能。[②]此后，大众数学作为数学教育的基本理念，贯穿中国近几十年来数学课程改革的始终。

二、大众数学的意义

20 世纪 80 年代开始，世界各国纷纷将大众数学纳入基础数学课程中，这成为世界数学教育发展的一个趋势，那么，大众数学的意义在哪里？

1. 高新技术实质上是数学技术

世界科学技术迅猛发展，并日益深刻地影响着社会的各个方面。高新技术实质上是一种数学技术，人们已认识到未来高科技的核心就是数学技术。历来被认为只是基础科学的数学，竟然进入了技术科学领域，并且成为高科技的核心。这确实使人们更加重视数学教育，数学教育工作者为教数学而感到荣幸。但是，高科技所使用的数学技术往往具有深刻性，对于一般的大众来说更具有挑战性。因此，如何使大众了解和理解高新科技及其数学技术成为一个新的重要课题。

2. 高新技术倚重数学技术

高新技术对一个国家或地区的经济、军事等各个方面的进步产生深远的

---

① 杜瑞芝. 数学史辞典. 济南：山东教育出版社，2000：678.

② 张孝达. 大众数学与中国古代数学思想——21 世纪的中国数学教育. 课程·教材·教法，1993，（8）：18-24.

影响，并能形成产业的先进技术群。因此，高新技术的发展得到各国政府、公司集团等的高度重视。例如，新一代飞机的几乎所有设计都是采用数字化手段；信息数字化将使未来的战场成为数字化战场；计算机及其软件的制造和使用，处处离不开数学技术；等等。

从表面来看，这些高新技术似乎与中小学生相距遥远。其实，数学技术与各行各业都息息相关，而且人们经常在使用它，只不过缺乏这种意识。例如，对数量（距离、面积、体积、数目等）的估算，购物时的口算和心算，对图形的识别和绘制，股票市场的风险预测，某种活动（工程建设、团体旅游等）的统筹安排，某项调查的定量分析，行动决策的可行性研究，经济交往中的会计业务，金融活动中的利息计算，等等，每一项都离不开数学技术，而且数学技术的参与程度，决定其质量和效益。

又如，我们都知道我国国旗是五星红旗，但市场上为什么会出现不合规格的国旗呢？这是因为没有用数学技术去处理它。我们如果掌握了国旗的几何作图或解析定位（数学技术），就能准确地看出国旗是否规范。

3. 数学技术应该大众化

应该让数学技术大众化，提高人们关于数学技术的意识，大力普及、推广通用型的数学技术。而普及数学技术的方法和途径，首先是教育，主要是学校教育和社会教育。

关于大众数学技术教育，有这样几点认识与大家讨论：

第一，大众数学技术是"大众数学"的重要内容和归宿。数学知识、数学思想方法，通过数学技术的获得能得到体现。

第二，大众数学技术是"素质教育"的基础内容之一。提高学生的数学素质的关键是使学生掌握大众数学技术。

第三，如同学习游泳（体育技术）必须"在游泳中学习游泳"一样，学习数学技术也必须在实际应用中才能学会。传统的教材和传统的课堂教学方式，是不能适应大众数学技术教育的。这给中国数学教育改革带来了新的研究课题。

第四，大众数学技术教育与"数学建模"既有联系，又有区别。二者都强调数学的可应用性，但又有不同。目前数学建模活动主要是在大学，但是其活动范围往往局限在少数几个专业方向，大众的参与程度还不够高，活动的内容还有待提高。而中学数学建模活动基本上还处于酝酿阶段，个别学校只在少数学生中进行试点，这是一个良好的开端。

三、大众数学的教育理念

自从大众数学在国际会议上被提出之后，世界各国广泛关注这一课题，并开展大众数学的教育思想的研究，揭示其内涵，助力各国数学教育改革。有关大众数学的教育理念研究成果主要有如下几点。

1. 大众数学教育的信念

大众数学教育与以往精英数学教育不同，它的信念是"所有学生都能学好数学"。教学实践表明，只要有适当的期望和适宜的教学内容，任何社会、种族和经济背景的儿童都能学好学校数学。社会相信学生的学习能力是进行有效教育的必要条件，这是数学教育改革的基本出发点。

2. 大众数学教育的目标

大众数学的教育目标是"所有的学生都学好数学"。各国数学教育实践表明，一些中学毕业生不能满足社会对于数学素养的需要。而大众数学教育有助于满足该需要。

3. 大众数学教育的课程

大众数学对于课程制定的要求是"学生必须学习不同的数学"。计算机对科学和商业的广泛影响大大扩展了数学科学的范围。计算机改变了数学家面临的问题，并为他们解决问题提供了新的工具。计算器和计算机的普及也改变了课程中某些内容的重要性：在中小学，估算和心算比复杂的笔算更有价值；在大专院校，模型（包括数字的、分析的、图形的和随机的）就比以前更为重要。因此，有必要调整数学课程内容，将课程作为一个整体加以考虑。

4. 大众数学的教学

大众数学的教育思想对数学教师的教学提出了新的要求，也就是教师必须生动活泼地教数学。研究表明：数学知识的掌握与否极具个体差异，是每一个学生通过自己的努力取得的结果。如果没有自己积极努力的过程，那么课上完之后，所学的内容很容易遗忘。如果采用积极的学习形式，如分组学习、讨论、写作、调研等，将学生置于一个能引发兴趣和发挥才智的学习团体中，将使学生学好数学。①

四、践行大众数学教育

中国积极参与国际数学界对大众数学教育的研讨，大众数学教育便在中国国内提上了日程。这是一项关系到全面提高国民素质，加速培养现代化建设人才的伟大工程。大众数学在基础教育中不断实践，下面以义务教育阶段的数学课程改革来说明。

1.《九年义务教育全日制初级中学数学教学大纲（试用）》

1992年，《九年义务教育全日制初级中学数学教学大纲（试用）》颁布，首次以大众数学作为教育思想制订数学课程。与之前的教学大纲相比，这一版有一个根本的转变，就是由应试教育转变为素质教育，落实大众数学的教育思想。由此，《九年义务教育全日制初级中学数学教学大纲（试用）》在教育性质、任务和目标方面有较大转变。②

（1）关于基础知识和基本技能

《九年义务教育全日制初级中学数学教学大纲（试用）》强调的是满足"当代社会中每一个公民适应日常生活"的需要，体现公民义务教育的要求，基础知识面适当加宽，包括直观的空间图形知识和统计初步知识；理论要求适当低些，知识更实用些。

（2）关于能力的培养

《九年义务教育全日制初级中学数学教学大纲（试用）》规定：进一步培养运算能力，发展逻辑思维能力和空间观念，并能够运用所学知识解决简单的实际问题。这与之前的教学大纲相比变化不大，但强调切合初中数学与学生的实际。例如，初中数学教学中发展学生的逻辑思维能力，主要是逐步培养学生会观察、比较、分析、综合、抽象和概括；会用归纳、演绎、类比进

---

① Steen L A. 面向未来：大众数学. 李业平，译. 数学通报，1991，(12)：5-10.
② 丁尔陞. 九年义务教育初级中学数学教学大纲的审查说明. 学科教育，1992，(5)：21-26.

行推理；会准确地阐述自己的思想和观点；形成良好的思维品质。

（3）关于良好的个性品质和初步的辩证唯物主义观点

《九年义务教育全日制初级中学数学教学大纲（试用）》规定：培养学生良好的个性品质和初步的辩证唯物主义的观点。这是从提高全民族素质出发，体现大众数学的理念，明确提出数学教学对学生形成良好个性品质的积极作用，从而明确了数学教学不是单传授数学知识，而是要把育人放到首要地位。

2.《全日制义务教育数学课程标准（实验稿）》

《全日制义务教育数学课程标准（实验稿）》2001 年颁布，这也是大众数学教育思想指导下的课程改革，在原来公民素养的基础上进一步明确提出：人人学有价值的数学，人人都能获得必要的数学，不同的人在数学上得到不同的发展。这种提法更加有助于贯彻实施大众数学教育思想，传授与学生现实相联系的、学生感兴趣的、富有数学内涵的、有利于促进学生的一般发展与个性发展的内容；这些内容也是该年龄段的学生能够掌握的，也适合其自身发展。

为了促进学生的终身可持续发展，《全日制义务教育数学课程标准（实验稿）》提出了四个方面的数学课程目标，即知识与技能、数学思考、解决问题、情感与态度，可以说是《九年义务教育全日制初级中学数学教学大纲（试用）》关于公民素质教育的进一步阐释。例如，知识与技能方面的目标包括知识技能目标和过程性目标，不仅将知识技能目标变成一种可操作的目标，而且强调在操作、思考和交流的过程中学习、感悟，通过这些目标的达成，促使学生在今后的工作学习中终身受益。

3.《义务教育数学课程标准（2011 年版）》

《义务教育数学课程标准（2011 年版）》是对《全日制义务教育数学课程标准（实验稿）》的继承与发展，在体例与结构、前言与理念、课程目标、内容标准、实施建议等方面进行了修改，突出对学生创新意识的培养，提出"四基"：数学的基础知识、基本技能、基本思想、基本活动经验，"四能"：发现问题、提出问题、分析问题、解决问题。

相对于《全日制义务教育数学课程标准（实验稿）》，《义务教育数学课程标准（2011 年版）》的发展在于：第一，在强调应用意识的基础上，又将"创新意识"写入核心词当中；第二，在关注自主探究的同时，也将教师的启发式教学放到了重要位置；第三，强调科学与人文的融合，抽象与直观的结合，演绎与归纳的并重，过程与结果的兼得，力图在继承优秀的数学教学传统基础上融合进新的课程理论。[①]

4.《义务教育数学课程标准（2022 年版）》

《义务教育数学课程标准（2022 年版）》是在新的形势下继续落实大众数学教育理念的一种体现。在"有学上"转向"上好学"的教育需求下，对大众数学教育给出新的提法，即人人都能获得良好的数学教育，不同的人在数学上得到不同的发展，逐步形成适应终身发展需要的核心素养；以"培养什么人、怎样培养人、为谁培养人"为指导，确立了大众数学教育的具体实施路径，即立足学生的核心素养发展，进一步细化核心素养的构成；继承以往大众数学教育有益的经验，继续重视学生的"四基""四能"，由此形成正确的情感、态度和价值观。

相对于前面 3 个数学教学大纲或课程标准，《义务教育数学课程标准（2022年版）》的发展在于：教育需求的变化，对大众数学提出了新的更高要求，重点在于如何有效地具体落实。因此，这是大众数学的一种内涵发展。

第四节　教育学中的数学

前文讨论了作为基础教育一门基本课程的数学，显现了数学与教育学的密切关系。另外，教育学研究也与数学有着密切的关系。教育学本来是一门人文社会学科，是属于思辨范畴的；但是，现代教育学研究已经运用数学来刻画教育规律和进行教育评价，特别是对教育的评价方法，现在已经制定出多种数学量化的教育评价体系，由此形成一门独立的新学科——教育统计学。总之，数学已经广泛地进入教育学中，并发挥着积极的作用。以下仅就教育评价方面来谈谈教育学中的数学。

---

① 朱黎生. 《义务教育数学课程标准（2011 年版）》修订了什么. 数学教育学报，2012，21（3）：7-10.

一、教育评价体系的量化问题

传统教育学中的评价基本上都是评价者主观认定，没有量化指标，缺乏客观依据。对于某些教育方法的实验，其效果如何？传统教育学基本上也没有客观评定标准。现代教育学研究已经引入量化指标，用数学统计方法来处理，用数据来说话，从而使教育评价体系科学化。

在基础教育中，教育评价体系的量化有较为广泛的运用。例如，如何较为客观地评价一堂课的效果呢？为了弥补传统评价方法的缺陷，可以举出一些影响教学效果的指标，如"对教材的理解""教学方法""教学态度""语言""板书""电化教学""师生交流""课堂秩序"等，每项按重要程度给出权数；听课者"逐项打分"，然后再加权平均，用数据说话，以此来衡量这堂课的效果好坏。如果将这种教学评价量化指标同听课者的整体感受结合起来，会更加科学。

总之，教育评价体系采用量化指标，并结合传统的教育评价方法，以此来综合考察和测量评价对象，这样的教育评价相对合理。但是，现在的主要问题是，如何科学设置教育评价体系的量化指标，也就是如何构建科学合理的评价指标来反映评价对象的真实水平。

二、数学运用于考试与试题的研究

考试是检验学习效果的重要手段，学校经常进行各种考试，学校和教师主要是以考试成绩来衡量学生学习效果，并以此检验教学方法。特别是每年的高考，对参加高考的学生而言，"一考定终身"，全社会关注。但是，能否就根据一次或几次考试的成绩来作出判断呢？考试的试题怎样才算科学、合理呢？考试试题的难度多大，能否反映学生的真实水平？这些问题对考试者和命题者来说，都是很重要的。对于这些问题的研究可应用统计方法，进行数学处理，最后用数据来得出结论，从而把对考试和试题的评价建立在客观和科学的基础之上。

1. 考试与试题的评价指标

一般地，试题的评价指标主要有均值、方差、难度、区分度、信度、效度等。通常用难度和区分度来评价试题的质量，用均值和方差来反映考生成绩分布情况，用信度和效度来评价考试的质量。由此，人们试图将试题的评价建立在科学的基础上，用数据来分析和说明，教育测量学便应运而生。

2. 选择题分值的科学设置

考试试题广泛使用客观题，如单项选择题：每一题给出几个答案，其中有且只有一个答案正确，应试者从中选一个填答。因为答案是现成的，应试者即便在对试题一无所知的情况下，也能随便给出一个答案，这就不能测试出应试者的实际水平。为了克服单项选择题的这种缺陷，一般采取答错给负分的做法。但是，如何给负分才算合理呢？用概率知识就可以解决这个问题。

我们可以将单项选择题构造一个数学模型，由此来测算答错给负分的方案。假设某道选择题有 n 个选项，给出正确答案给 a 分。从概率的角度来考虑，考生在不知道答案的情况下，仍然有可能因猜对答案而得到 a 分。由于有 n 个选择项，故对于随便填写答案的人来说，其期望得到的分值是 $\dfrac{a}{n}$。

为了消除这一不合理的现象，要规定答错的给负分。给多少分值才合理呢？设答错的给 $-x$ 分，要使随便填写答案的人得到分值的期望值是 0 才合理。一般地，随机变量的期望值有一个结论，也就是随机变量的期望值等于该变量的所有取值与其概率的乘积之和。由此，可以计算出答错给负分的分值。

假设以 X 表示考生在不知道答案的情况下猜对答案所获得的分数，那么 X 是一个随机变量，它取的值有两个：给出正确答案得到 a 分，给出错误答案得到 $-x$ 分，则它们的概率分别是 $\dfrac{1}{n}$ 和 $\dfrac{n-1}{n}$。因此，该随机变量的分布列是：

$$P\left(X=a\right)=\frac{1}{n}, \quad P\left(X=-x\right)=\frac{n-1}{n},$$

故期望值是

$$E\left(X\right)=\frac{a}{n}+\frac{n-1}{n}\left(-x\right)=\frac{a-\left(n-1\right)x}{n}。$$

令 $E\left(X\right)=0$，解得 $x=\dfrac{a}{n-1}$，即给出错误答案得到分值应为 $-\dfrac{a}{n-1}$ 分。这样规定就使随便填写答案的考生得分的期望值为 0。例如，对于有 5 个选择项的单项选择题，给出正确答案得到 4 分，那么对于给出错误答案的则应该给 -1（ $=-\dfrac{4}{5-1}$ ）分，这样设计选择题才算合理。

总之，概率统计在教育学和心理学中正在得到普遍应用。作为一名教师，应该学习应用这些概率统计知识和数学技术来处理和解决教育中的种种难以说清的问题。

第五节　理性地看待教育学与数学的关系

从教育的内容来看，数学是教育的一门主要课程，自古以来一直都受到重视。从科学的角度来看，教育学是一门社会科学，虽然从哲学中分离出来而成为一门独立的科学，但是一直继承哲学的抽象思辨性，定性研究是其主要研究方法和手段。到了近代，随着实证主义哲学思潮的影响，教育学开始模仿自然科学，采用数学的研究方法进行实证研究。也就是说定量研究也成为教育学一种重要的研究方法。现在的问题是：如何将定性研究和定量研究结合起来，这成为教育研究的主要问题，也就是基于科学的视角，需要理性地看待教育学与数学的关系。

一、教育学与数学的结合

从科学的角度来看，教育学与数学的结合主要表现为吸取数学的成果，采用数学的精确计算方法和形式化的数学符号、模型来描述教育活动过程，统计教育过程的数量指标，评价教育的效果，常称之为教育学的量化研究。

1. **教育学与数学结合的发展过程**

定性研究和定量研究是传统的科学分类中划分社会科学和自然科学的方法论标准。早期，作为社会科学的一门学科，教育学主要采用定性研究。随着西方兴起一股实证主义哲学思潮，教育学也开始了以实证哲学为中介，借鉴实证社会学的研究方法，开始教育学的实证研究，定量研究成为教育学研究的一种热潮。例如，桑代克（Thorndike）和布卢姆（Bloom）的教育实证研究成为 20 世纪 50 年代前教育学研究的绝对主流。

20 世纪 50 年代之后，人们又回到用定性方法来研究教育，如杰克逊（Jackson）对"隐蔽课程"的研究。教育学单纯依靠定量研究显露其固有的弊端，量化研究范式在社会引发一种批评思潮。但是随着人本主义教育思潮的兴起，人的情感、动机等不可定量的因素受到了研究者的重视。此外，人种学方法也被引入教育科学研究，参与性研究、现场调查等定性方法备受青睐。

定量的研究范式开始注意吸收定性研究方法的长处，两者都在寻求相互的结合和整合，这成为西方教育研究的新的方法论取向。中国长期受到苏联教育理论的影响，对教育的统计、测量等数学方法和手段一直未能予以充分的重视，到 20 世纪 80 年代才开始注意到教育研究的定量化问题。

2. 定性研究和定量研究相结合的要求

定性研究和定量研究各有其研究特点，两者的结合形成了很好的互补，人们更关注的是如何有效地开展研究。这样，人们提出了定性研究和定量研究的结合区概念。一般地，这个结合区至少可包含三个集合：

（1）集合 A——研究主体的科研素质的结合

教育学研究主要是由教育科研人员、教师以及其他热爱和关心教育事业的人士来进行的，他们作为教育学的研究主体必须具备一定的科研素质，也就是他们的科研素质决定了其开展定性还是定量研究的研究取向，或者两者是否结合和结合的程度。因此，集合 A 包含这两个方面的因素，即数学知识修养和教育理论知识修养的结合；数学精神与哲学精神的结合。

（2）集合 B——具体研究方法的结合

教育学研究的问题比较多，其研究范围也较广，因此，采取定性与定量研究相结合时，具体研究方法是有所不同的。也就是说，要针对具体的问题而采取合适的研究方法。这一集合至少可以包含以下三个方面的因素，即模型化方法的结合，系统方法的结合，教育实验法的结合。

（3）集合 C——教育研究手段和技术的结合

电子计算机的产生和使用，为数学在教育学中的运用打开了方便之门，也为定量研究与定性研究的结合解决了技术上的难题。利用电子计算机，不仅可以解决大量的数据问题，加快运算的速度，提高运算的精确度，而且还可以进行各种数学模型的试验、演算，不断地修正模型。因此，电子计算机在教育上的运用使得数学运用于教育科学有了可靠的保证。

总之，教育学研究中的定性与定量的结合，同样具有"1+1≥2"的整体效应。因此，这一结合区的开发必然会使教育科学不断向纵深发展，必然会开辟出教育科学的新天地。①

---

① 徐玉珍. 浅谈当代教育科学的数学化——兼论定性研究与定量研究的结合. 华东师范大学学报（教育科学版），1992，（1）：71-75.

二、理性地看待数学运用于教育学

众所周知，数学已广泛地渗透到各个学科，教育学也不例外。因此，现代教育学研究普遍运用数学，重视定量研究。但是，现代教育学研究也不可以过度依赖定量研究，应理性看待数学运用于教育学，大致体现在以下几点：

1. 理性地考量数学与教育学的研究方法

在教育学的研究中，我们既要认识到运用数学方法进行教育评价的必要性、可行性，又要认识到数学运用于教育学研究的局限性。因为运用数学方法进行教育评价是全方位的，应有两个条件：一是如同数学那样精确地观察、分析、描述、测试教育现象；二是教育科学本身应形成一种基于数学方法，但又不同于数学方法的特殊的逻辑推演和预测方法，保证用于数学方法的原始数据是准确可靠的。因此，运用数学方法应当谨慎。

2. 理性地看待教育本质的认知水平

对教育本质的认识是一个渐进过程。目前定性的评价尚不完备，定量的评价就缺乏一定的基础。如要建立数学模型，应把所要评价的教育活动抽象成一个数学问题，再进行数学处理。而这种抽象化的过程是以对教育认识的一定水平为前提的。

3. 理性地认识教育学的方法论

教育学的方法论还未发展成熟，对教育的多角度、多层次的认识和研究还不够深入。因此，教育测量所得的原始数据，本身不具有明确的意义，有的甚至失真。在这种情况下，数学方法系统与所要研究的实际问题不完全具备实质的一致性，从而使数学方法不能很好地反映教育现象的质。

4. 理性地综合使用教育学的方法系统

把数学方法轻易地嫁接在教育评价上，会遇到困难，应将数学方法与教育学自身的方法系统综合使用，做到独特性与多样性结合；运用数学方法进行教育评价只能是一个渐进过程，不能将公式、图表、数学语言生搬到教育评价中；教育科学必然借鉴其他学科的研究方法，应考虑一套较为完善的发展战略，使之在一定程度上与数学方法融合发展。

第七章　音乐与数学

从表面上来看，音乐和数学似乎是毫无关系的两门学科。但是，自古以来，人们却将音乐与数学紧密地联系在一起，认为音乐是数的比例，甚至将音乐视作一门数学科学。伽达默尔（Gadamer）认为，纯粹的音乐是一种有声的数学，人类创造的音乐，如同人类创造的数学一样，可以完美地体现客观世界的某些法则。

第一节　关于音乐的若干问题

音乐是人类最古老、最具普遍性和最具感染力的艺术形式之一。人类可以通过音乐来实现其思想和感情的交流和表达，也就是说人类可以通过特定的、有组织的音响，创造出特殊的艺术形象来体现其内心的思想和情感。而关于音乐的理性分析离不开数学。

一、音乐是什么

关于音乐是什么，迄今还没有统一的定义和观点，不同的人有不同的感受和理解。有人认为，音乐是人们精神的一种营养品，缺少它，就会无形中影响人的精神健康，久而久之，甚至会无形中影响到人的寿命。有人认为，音乐是艺术的一个品种，让人感受到美感和幸福。有人认为，音乐是表达或寄托人们感情的艺术语言，但它比一般的语言更具有直接性，并且具有艺术性，因为它始终与美感结合在一起。①

虽然音乐没有统一的定义和观点，但是有共同的特征：音乐可以通过一些基本手段来表现。这些基本表现手段是音乐所共有的，即旋律、节奏、速度、

---

① 周大风. 简明音乐知识. 杭州：浙江科学技术出版社，2016：58-63.

力度、调式、和声、复调、音区、音色等，其中，旋律、节奏是音乐中最重要的基本表现手段。这样，关于"音乐是什么"，人们就有了共同接受和认可的基础。一般地，人们较为认可的一种观点是：音乐是借助乐音来表达的艺术。

二、什么是声音

音乐的表达方式和手段是乐音，而乐音是声音的一种，那么声音是什么？古今中外，人们对声音也有不同的认识。

中国古代很早就对声音形成了一种较为深刻的认识。《礼记·乐记》认为，所有音乐的源头都是人的内心感动，这种内心感动是外界的事物引发，并通过声音体现出来。实际上，中国古人将声音与人的听觉和大脑联系在一起。

一般认为，声音是人类听觉系统对一定频率范围内振波的感受。其中，听觉感受是声音存在的主体，振波是声音存在的客观条件，二者缺一不可。进一步地，声音是关于音的系统，包括振源、介质和听觉系统三个方面的因素，其中，任何一个因素发生变化，都会对声音的感觉产生直接影响。但是也有例外，对于音乐素养较高的人来说，在没有振源和介质两个因素的条件下，他们对声音有某种内心的感觉，称之为"内心听觉"。[1]

三、什么是乐音

从物理学的角度来看，气息冲击声带，使声带产生振动而发出声音。当物体的振动波形稳定整齐且有一定的频率时，人听之有愉快悦耳的感觉，称之为乐音，如歌声、琴声。

乐音的物理表现是有稳定整齐的波形且有一定的频率，这样可以通过某些性质来描述、反映其规律。一般地，乐音通过音高、音值、音量和音色这四种物理特性来获得描述。音高指的是音的高低，是由发声体在单位时间内振动次数决定的，振动频率高，则音表现为高，振动频率低，则音表现为低。音值指的是音的时值，即音的长短，是由发声体振动持续时间的长短来决定的，振动持续时间长，则音长，振动持续时间短，则音短。音量指的是音的强弱，是由发声体的振幅决定的，发声体振动幅度大，则音强，振动幅度小，

---

[1]　韩宝强. 音的历程：现代音乐声学导论. 北京：人民音乐出版社，2016：8-13.

则音弱。音色指的是音的品质，是由泛音的组合以及发声体的材料性质、结构形状和发声方式的差异决定的。

四、音乐的艺术特征是什么

音乐是人类创造的文化成果之一，是以乐音为基本材料来进行有机组合，通过表演（演唱或演奏）形成具体的音响，从而引起人们各种情绪反应和情感体验的一种艺术。其艺术特征主要有：

1. 声音的艺术

音乐是借助声音来表达的一种艺术，通过乐音中的音高、音色、音量和音值的物理特性变化来表现音乐的基本含义、思想内容。音乐被认为是声音的艺术。

2. 听觉的艺术

音乐艺术是通过听觉感知的，借助旋律、节奏、节拍、力度、速度等多种形态的有机结合，作用于人的听觉感知，引起人的情感反应和体验。因此，有人这样比喻：音乐通过人的听觉而进入人的心里，并在人的心灵深处生根、发芽、开花，最后结出一个情感的果实。因此，音乐被认为是听觉的艺术。

3. 时间的艺术

音的长短、速度、节奏等是在时间中发挥作用的。音的长短可以体现不同的表现力，往往相同的旋律会因为演奏速度的不同而产生截然不同的艺术表现力。音的速度还与表达的思想感情有关。音的快速度往往与活泼、欢愉的情绪相联系，音的慢速度往往与情感抒发相配合。音的节奏实质上就是按一定的时间间隔，有组织、有规律地出现的声音的组合。此外，在音乐进行中，休止符所表示的音响暂停与间隙，虽然没有声音，但同样占有一定的时间。因此，音乐被认为是一种时间的艺术。

4. 情感的艺术

音乐是借助音而抒情的，通过音响模仿、暗示等手法和途径来抒发置身于某种环境的内心情感，表现人的思想认识和情感世界，可以展示和表现出人世间的喜、怒、哀、乐等。世界著名的音乐家贝多芬曾提出一个观点：语言的尽头是音乐出现的地方。创作音乐需要把情感升华为音乐语言，表演音乐需要把情感融入音乐之中，而欣赏音乐需要体验音乐的情感。因此，音乐被认为是情感的艺术。①

上述仅提到有关音乐的四个基本问题，但都与数学有着紧密的联系，如音的变化和表达需要从数学等角度来分析其物理技术特性。因此，从某种意义上来看，数学可以为音乐提供理性分析的手段和方法。

第二节 中国古代乐律与数学

中国是早期人类文明发祥地之一，音乐艺术也随之在中国古老的大地上出现，经历了漫长的过程，创造了辉煌的成就。中国古代将"乐"和"律"融为一体，统称为"乐律学"，它发展成为一套独立的体系，是中国古代音乐的重要组成部分。中国古代虽有乐学和律学的区分，但两者紧密地联系在一起。律学主要是从音响的自然规律出发，从声学角度，运用数理逻辑的精密计算方法来研究乐音之间的关系。中国古代律学的研究内容主要包括黄钟标准音高、正律器、生律法和律制运用四大内容②，这些都与数学关系密切。

一、黄钟律与度量衡

中国古代文献《吕氏春秋·古乐》记载有确立"黄钟律"的传说。相传黄帝时代，黄帝命令一位名叫伶伦的人来制造律管，伶伦由此确立了黄钟律管长度为三寸九分，并以此作为标准音高。

"黄钟律"的确立非常重要，古代乐器如编钟等，都是按此规定来制作的。除此之外，中国古代利用一组编钟确定音调以后，还将其应用到度量衡，如制定长度单位、容积单位等。制定度量单位的方法如下：

选取长度与直径之比为 30∶1 的均匀竹管，若吹出的音调与（铜编钟上记录的）黄钟一致，即发生共鸣，那么，这根竹管的长度就是 9 寸，它的九分之一就是 1 寸，10 寸就是 1 尺。长度单位就这样确定下来。

"黄钟律"定出长度单位之后，中国古代还以此为标准再确定容积和重量

---

① 王家祥，王同. 大学音乐基础与欣赏. 上海：上海教育出版社，2004：1-3.
② 陈其射. 中国古代乐律学概论. 杭州：浙江大学出版社，2011：1-6.

单位，具体如下：

用"黄钟"竹管确立容积单位。规定"黄钟"竹管的容积为 1 龠（yuè），然后规定 2 龠为 1 合，10 合为 1 升，10 升为 1 斗，10 斗为 1 斛。这在《汉书·律历志》有记载："量者，龠、合、升、斗、斛也，所以量多少也。本起于黄钟之龠……二龠为合，十合为升，十升为斗，十斗为斛。"

用"黄钟"竹管确立重量单位。取均匀的黍（一种小米），使"黄钟"竹管恰好装满 1200 粒，那么，这 1200 粒小米的重量就规定为 12 铢，24 铢为 1 两（旧制），16 两为 1 斤（旧制，现在仍有"半斤八两"的说法）。《汉书·律历志》曾这样记载："龠者，黄钟律之实也，跃微动气而生物也""一龠容千二百黍"。

总之，中国古代以"黄钟"为标准，并用"黍"来定出容积、重量的单位量值。于是，用"黄钟"竹管，就完成了长度、重量和容积的三种标准单位的制定，而且还容易被人们实际检验。因此，有人开玩笑说：中国古代的度量衡标准单位是从吹笛子的声音听出来的。

一个物体的长度、重量和容积（体积）是三种最重要的量。例如，如果同一匹布用标准不同的两种尺子来丈量，会得到不同的量数。中国古代收税和交租主要是用实物，所以度量衡单位就非常重要。一个地方、一个国家、一个朝代需要有统一的度量衡单位。统治者要取信于民，就要制定出标准的度量衡单位。所以，中国自古就十分重视度量衡标准单位的制定。

怎样才能制定出人们都能认同的标准的度量衡单位呢？用如上所说的方法就能取信于民。因为两种乐器的音调是否发生共鸣，一般的人都可以听得出来。所以，这样确定的长度单位是有客观依据的，是人们可以相信的。

这种"黄钟"律制的做法，听起来似乎有些荒唐，但其中包含了极为深刻的科学道理。它把制定度量衡标准单位这种完全可以由少数人主观意志决定的事情，与声音高低这种人人都能感觉得到的客观存在紧紧联系在一起，使其有了可行的实际检验办法。这是中国古代先贤的聪明之处。

二、五律和十二律

中国古代曾采用五声音阶，即"宫、徵、商、羽、角"，称为五律，其声调的高低，依竹笛吹出的声音来定。竹笛声调的高低由其竹管的长短来定：长的竹管发出的声音频率低，短的竹管发出的声音频率高。那么，声调与竹管长短有怎样的关系呢？中国古人采取"三分损益"的办法来确定，这在中国古代文献《管子·地员》有记载，即中国古人利用"三分损益"法来计算五声音阶，其方法如下：

"三分损益"是指对竹管长度的增减按照"三分损益"来定（如图7-1），也就是将"黄钟"竹管确定为81（九分之一寸为1个单位），称为"宫"；将其分为三等份，并加长一份，得到108，称为"徵"；又将"徵"分为三等份，并去掉一份，得到72，称为"商"；再将"商"分为三等份，并加长一份，得到96，称为"羽"；又将"羽"分为三等份，并去掉一份，得到64，称为"角"，这样完成一个音程。

$$宫 \quad 黄钟（小素之首） \quad 1 \times 3^4 = 81$$
$$徵 \quad 三分益一 \quad 81 \times \frac{4}{3} = 108 \quad （上生）$$
$$商 \quad 三分损一 \quad 108 \times \frac{2}{3} = 72 \quad （下生）$$
$$羽 \quad 三分益一 \quad 72 \times \frac{4}{3} = 96 \quad （上生）$$
$$角 \quad 三分损一 \quad 96 \times \frac{2}{3} = 64 \quad （下生）$$

图7-1　"三分损益"计算"五律"

中国古代文献《吕氏春秋·音律》有记载，中国古人进一步利用"三分损益"法，在五声音阶的基础上计算出十二声音阶，这样使调式可以在十二声音阶上进行旋宫，构成各种调高。具体做法如下：

将"黄钟"竹管确定为81（九分之一寸为1个单位），将其分为三等份，并去掉一份，得到54，称为"林钟"，相当于现代音乐的G调；又将"林钟"分为三等份，并加长一份，得到72，称为"太簇"，相当于现代音乐的D调；再将"太簇"分为三等份，并去掉一份，得到48，称为"南吕"，相当于现代音乐的A调；又将"南吕"分为三等份，并加长一份，得到64，称为"姑洗"，相当于现代音乐的E调；又将"姑洗"分为三等份，并去掉一份，得到$42\frac{2}{3}$，称为"应钟"，相当于现代音乐的B调；又将应钟分为三等份，并加长一份，得到$56\frac{8}{9}$，称为"蕤宾"；又将"蕤宾"分为三等份，并加长一份，得到$75\frac{23}{27}$，称为"大吕"；又将"大吕"分为三等份，并去掉一份，得到$50\frac{46}{81}$，称为"夷则"；又将"夷则"分为三等份，并加长一份，得到 $67\frac{103}{243}$，称为"夹钟"；又将"夹钟"分为三等份，并去掉一份，得到 $44\frac{692}{729}$，称为"无射"；又将"无射"分为三等份，并加长一份，得到 $59\frac{2039}{2187}$，称为"仲吕"（如图7-2）。再由"仲吕"进行"三分损一"，得到"清黄钟"，即"黄钟"的高八度音，从数字发现："清黄钟"的长度为 $59\frac{2039}{2187}\times\frac{2}{3}=39\frac{6265}{6561}\approx39.9548849$，与直接取"黄钟"长度的一半（$\frac{81}{2}=40.5$）比较接近，从而在近似的情况下达到旋宫的目的。

黄钟			81	
林钟	三分损一	$81\times\frac{2}{3}$	$=54$	（下生）
太簇	三分益一	$54\times\frac{4}{3}$	$=72$	（上生）
南吕	三分损一	$72\times\frac{2}{3}$	$=48$	（下生）
姑洗	三分益一	$48\times\frac{4}{3}$	$=64$	（上生）
应钟	三分损一	$64\times\frac{2}{3}$	$=42\frac{2}{3}$	（下生）
蕤宾	三分益一	$42\frac{2}{3}\times\frac{4}{3}$	$=56\frac{8}{9}$	（上生）
大吕	三分益一	$56\frac{8}{9}\times\frac{4}{3}$	$=75\frac{23}{27}$	（上生）
夷则	三分损一	$75\frac{23}{27}\times\frac{2}{3}$	$=50\frac{46}{81}$	（下生）
夹钟	三分益一	$50\frac{46}{81}\times\frac{4}{3}$	$=67\frac{103}{243}$	（上生）
无射	三分损一	$67\frac{103}{243}\times\frac{2}{3}$	$=44\frac{692}{729}$	（下生）
仲吕	三分益一	$44\frac{692}{729}\times\frac{4}{3}$	$=59\frac{2039}{2187}$	（上生）

图 7-2 "三分损益"计算"十二律"

三、十二平均律

"三分损益"所生的十二声音阶是一种不平均音阶，也就是说，"三分损益"得出的音程不够准确。因为高八度音的频率应该是低八度音频率的一倍，但这里并非如此，即 39.9548849 不等于 $81\times\frac{1}{2}=40.5$。所以，按照这样的规定来制作乐器，不能回归本律。那么，怎样才能克服上述的缺点，也就是解决转调时准确达到理想音阶的问题？中国明代音乐家、数学家朱载堉发明了"十二平均律"，创造性地解决了这个难题。

所谓"十二平均律"，就是将高低相差八度的一个音阶按照比例等分成 12 段，使得每两个相邻音调频率的比相等。这种十二平均律是目前世界上普遍采用的一种律制。其数学的基本原理如下：

设一个音阶的 12 个音调的频率构成一个等比数列，朱载堉算得公比值 $q=\sqrt[12]{2}$，这样一来，高八度音的频率正好是基准频率的 2 倍，乐器按此确定音阶就克服了转调的困难，所以说十二平均律是现代音乐理论的基础。朱载堉在 1584 年的这项发明，在世界上是最早的。法国音乐理论家梅森（Mersenne）在半个世纪后才发表同样的论述。

第三节　外国乐律与数学

由于文化的差异，古今中外音乐艺术家创造出来的既反映世界又表达内心和指导艺术的理论也有所不同，其中包括乐律学。不同的民族往往形成不同的音乐艺术、文化和乐理，由此也制作了一些不同乐器。特别是到了近代，最早起源于古希腊的西方音乐形成一套较为完整的音乐体系，乐律学是其中的重要成果，解释了乐律的一些本质，从而推动了世界音乐的发展。下面仅以拉莫斯的十二半音音阶与和声来说明外国音乐与数学的紧密关系。

一、拉莫斯的十二半音音阶

15 世纪后期，音乐理论家拉莫斯提出十二半音音阶，成为欧洲近代音乐理论基础的奠定人。拉莫斯的十二半音音阶理论是这样的：

假设将全弦定为基音（A），将全弦分为二等份，得到相对弦长为 $\frac{1}{2}$，即高八度音；再将中点至尾端之间距离的弦长分为二等份，得到相对弦长为 $\frac{3}{4}=\left(\frac{1}{2}+1\right)\times\frac{1}{2}$，即纯四度音；将纯四度到高八度之间距离的弦长分为二等份，得到相对弦长为 $\frac{5}{8}=\left(\frac{3}{4}+\frac{1}{2}\right)\times\frac{1}{2}$，即纯小六度音；将半弦分为二等份，得到相

对弦长为 $\frac{1}{4}=\frac{1}{2}\times\frac{1}{2}$；将半弦与 $\frac{1}{4}$ 弦之间距离的弦长分为二等份，得到相对弦长为 $\frac{3}{8}=\left(\frac{1}{2}+\frac{1}{4}\right)\times\frac{1}{2}$；这样逐渐得到十二半音音阶。

二、和声

乐音具有规则的周期性，有固定的频率和音高，听起来稳定而和谐。这些乐音可以用数学的傅里叶定理进行刻画。傅里叶定理指出，任何一个周期函数都可以表示为三角级数的形式，即任何一个周期函数 $f(x)$ 都可以表示为

$$f(x)=\frac{a_0}{2}+\sum_{n=1}^{\infty}(a_n\cos nx+b_n\sin nx)=\sum_{n=1}^{\infty}A_n\sin(nx+\phi_n),$$

其中频率最低的一项称为基本音，其余的称为泛音。由傅里叶定理可知，所有泛音的频率都是基本音频率的整数倍，称为基本音的谐波。由此，每个乐音都可以分解为一次谐波与一系列整数倍频率谐波的叠加。

假设 do 的频率是 f，那么它就可以分解为频率为 $f,2f,3f,4f,\cdots$ 的谐波的叠加，即

$$f_1(x)=\sin x+\sin 2x+\cdots+\sin nx+\cdots。$$

同样，高音 do 的频率是 $2f$，那么它也可以分解为频率为 $2f,4f,6f,8f,\cdots$ 的谐波的叠加，即

$$f_2(x)=\sin 2x+\sin 4x+\cdots+\sin 2nx+\cdots。$$

这两列谐波的频率有一半是相同的，所以 do 和高音 do 的声音是最和谐的。因此，要使几个乐音的和声最和谐，只要使这些乐音相同频率的"谐波"尽量多。这样，和声的和谐程度就可以通过建立数学模型计算出来，即：

已知 $m:n$ 是和声中两个音符的频率比，若 $P=\{m,2m,\cdots,cm\}$，$Q=\{n,2n,\cdots,cn\}$，其中常数 c 为正整数，问 m 和 n 是什么关系时，$|P\cap Q|$ 有最大值？

通过穷举法知，除1:2外，当两音的频率比是2:3时，这两个谐波列含有相同频率谐波的数量是最多的，频率比为3:4时次之。

根据此数学模型，我们可以进一步将两个音级之间的距离，即音程按和谐度分为协和音程和不协和音程。

　　所谓协和音程，是指极完全协和音程，即纯一度和纯八度；完全协和音程，即纯五度；不完全协和音程，即大小三度和大小六度。所谓不协和音程，是指彼此不很融合的音程，如大小七度等。

　　因此，在音乐创作中，为了达到"和谐"的效果，作曲家们都会有意或无意地使用协和音程而尽量避免不协和音程。[①]

第四节　现代音乐发展与数学

　　自古以来，音乐与数学存在着密切的关系。到了 20 世纪，作曲家和音乐理论家都非常关注在数学与音乐之间建立起更紧密的联系，构建出能够反映音乐语言及其结构规律的系统，主要表现在用数学来创作音乐、用数学来分析音乐。[②]

一、用数学创作音乐

　　20 世纪以来，随着现代数学的发展，音乐创作大量运用了数理逻辑或量化分析。以勋伯格（Schoenberg）为代表的新维也纳乐派运用无功能差异的音级集合来生成作品的结构，促成了十二音音乐的产生，并推动了集合概念在音乐创作与研究中的运用。

　　勋伯格的十二音集合是为了在无调性作品中避免重复音，按照这一想法，十二个音会按照相同的序列在作品中持续反复，从而形成一个整体的、有规律的有序集。所谓无调性，就是指十二个音级都很重要，没有一个音取得中心音的地位。十二音音乐是无调性音乐进一步发展的结果，由此，数学方法可以为其音乐创作提供一种理论支撑，其基本原理是：

　　作曲家可以选用半音阶的十二个音自由组成一个音列，以它的原型、逆型、反型、逆反型四种形式来自由创作和分析音乐作品。规定：在十二个音

---

　　① 袁有雯. 从数学角度探析音乐的规律性——以巴赫作品为例. 数学教学,2008,（6）：38-41.

　　② 王旭青. 数理逻辑与音乐结构观的重构——当代西方音乐创作与音乐分析的重要趋向. 音乐艺术（上海音乐学院学报），2020，（3）：139-147.

都出现以前，不得重复其中任何一音；这个音列可以移置在半音阶的任何高度。也就是说，作曲家可以运用数字来表示它们与原来音列开始的音高的关系，如0＝开始的音高位置，1＝上行一个半音，2＝上行两个半音，3＝上行三个半音，依次类推（如图7-3）。可以发现：第一，音程的数量是随着基数的增值而逐步增长的；第二，四种音列形式各有十二个不同音高位置，因此，共有48个音列。

基数	音程数
1	0
2	0＋1
3	0＋1＋2
4	0＋1＋2＋3
⋮	⋮
12	0＋1＋2＋3＋…＋11

图7-3　十二音音高的数学计算

勋伯格的十二音体系后来得到了进一步发展和完善，巴比特（Babbitt）不仅将序列集合概念运用到音高布局中，还扩展到节奏元素中。这种将数学方法运用到音乐创作中的做法，改变了作曲家原有的创作思维和创作习惯。[①]巴比特的基本思路是：乐曲以十六分音符为单位，如以数值5,1,4,2为原型音列，将乐曲节奏组合为若干音列形态，并且以逆型（2,4,1,5）、反型（1,5,2,4）、逆反型（4,2,5,1）的形式加以节奏变型，对应于乐曲的音高集合与力度集合。其中，反型的节奏音列就是用数值6减去原型音列的数值得出。巴比特之所以选用数字6作为乐曲节奏集合及其转位形态的基本结构单位，是因为乐曲音高集合共12个音级数，6作为公共的被减数，能使所得的四个"差数"相加之和仍然等于12。

除此之外，还有一些作曲家结合声学理论或计算机来进行创作，这些也与数学的基础作用有关。例如，考威尔（Cowell）阐述了泛音列中基音和泛音的排列次序及其比例关系，提出了以泛音列理论来控制音乐的节奏和曲体结构的方法，这种方法与数学比例关系密切。这一理论对于20世纪许多新音乐作曲家的创作都产生了直接的影响。例如，南卡罗（Nancarrow）就运用精确

---

① 钟子林. 西方现代音乐概述. 北京：人民音乐出版社，1991：85-87.

的数学比例进行组合来设计音乐作品。

20 世纪中叶，一些新音乐作曲家进一步尝试将集合论、随机思想、博弈论等更深的现代数学理论应用到音乐创作中。例如，泽纳西斯（Xenakis）根据马鞍形双曲抛物面的数学公式来设计音乐的结构，并结合大量的严格有序移位而创作音乐作品。

总之，一些作曲家运用数理逻辑对作品进行组织与编程，以实现对作品结构的局部乃至全面的控制，以此来强化音乐作品有机体的内在结构力量，形成了 20 世纪音乐创作中颇为独特的数理逻辑现象。

二、用数学分析音乐

20 世纪中叶，现代音乐分析最突出的是运用数理逻辑来进行诠释，这代表了现代音乐分析的一种发展趋势。

美国音乐理论家福特（Forte）以数学集合论为基点，提出了音级集合分析理论，主要是依据一定的条件和法则对音乐作品进行定性和定量分析。整套理论体系使用了整数标记法，即用整数 0 到 11 来表示音级，涉及集合理论中的基数、补集、交集、子集等概念。后来，列文（Lewin）在福特的集合理论基础上，提出了广义音程系统和转换理论，以集合理论、组群理论、几何表示法为主要基点，结合一系列的函数公式和定理，以此探究音乐的结构及作曲家的创作逻辑思维。

科恩（Cohn）作为新黎曼理论研究与实践的代表者，以列文转换理论、黎曼功能理论中的三和弦转换理论为基础，进一步发展了所谓的新黎曼理论。整套理论包含集合、音高、序列和时值等音乐元素之间的转换原理，采用代数、数字符号、函数公式、几何化的音格模型等数学的表示方式来诠释音乐结构。

总之，音乐理论家运用数学的理论和方法来创作或分析音乐作品，不仅可以洞悉音乐创作的程序与过程，更重要的是可以了解和把握音乐语言中带有普遍性、科学性的结构规律。因此，有人认为，音乐结构，尤其是那些坚持采用理性的、科学概念的音乐结构，成为 20 世纪音乐美学的主要概念的聚集点，而且这种音乐创作美学中不可或缺的一部分，是通过音乐分析来为音乐创作寻求新的理论模型和说明音乐的结构。

第八章 绘画与数学

　　自人类文明形成以来，绘画与数学就有着天然的联系，后来，虽然各自形成了独立的学科，但是它们之间的关系并没有因此而隔断。达·芬奇认为，一门包括绘画在内的科学必须具备两个条件：一是以感性经验为基础，二是具有数学一样的严密论证。绘画侧重于表现社会、自然和人的某种情感，而数学侧重于表现自然，并逐步向社会现象渗透，以反映其间的形式化的数量关系。

第一节　关于绘画的若干问题

　　简单来说，绘画是通过色彩和线条来表达的艺术。绘画往往由于采用不同的手段，其中包括数学的手段，从而形成不同的艺术特点和风格。因此，绘画除了关注绘画艺术本身之外，还关注不同绘画的艺术特点和风格，给人以更多的艺术启迪和享受，也包括给数学发展带来的启示。

一、什么是绘画

　　所谓绘画，是指用笔、刀等工具，墨、颜料等物质材料，在多种媒介上构图、造型和设色，来创造图形或图像；画家以此来反映世界观和思想情绪，并用它来感染观众，从而起到社会教育和丰富人们精神生活的作用。

　　绘画往往以使用的媒介、体现的内容等来进行分类。从使用材料和技术的不同，绘画分为帛画、水墨画、壁画、油画、水彩画、版画、素描等；从题材内容的不同，绘画分为人物画、风景画、静物画、动物画等；从画面形式的不同，绘画分为单幅画、组画、连环画等。

二、中国绘画艺术特征是什么

同其他绘画相比，中国绘画具有中华民族传统独特的艺术特征，以写意画为主流，主要有以下几点。

1. 突出艺术"意境"

中国绘画依据现实生活的固有逻辑，以鲜明的倾向和热烈的情感，通过想象和虚构而进行艺术创造，突出艺术的意境。

2. 依赖主观"意象"

中国绘画通过视觉而不可以通过触觉来欣赏，是一种精神意识，附在现实存在的物质材料上，也就是借助外物的形态来表达对象的内在精神，用意象来体现人与自然的统一，体现主观与客观的统一，达到天人合一的境界。

3. 展现空间"虚构"

中国绘画所展现的是一种虚构的空间，只能被视觉感知，而不是真实的现实空间。这决定了中国绘画不一定固定在某一个立脚点来创作绘画，也不受固定视域的局限，而是根据画者的感受和需要从多点角度来透视。

4. 追求主题"概括"

中国绘画追求的是一种与生命运动相联系的象征性，化动态为静态的联想。比较典型的是将诗歌与绘画形成完美的结合，用绘画概括出所要表达的意境。[1]

三、西方绘画艺术特征是什么

西方绘画在不同的历史时期有不同的艺术风格，但大部分时间以写实绘画为主流。古希腊和古罗马艺术是西方写实性绘画的源头，以柏拉图的"模仿论"为哲学基础的古希腊和古罗马绘画，真实生动地描绘日常生活和神话故事，达到了西方写实性绘画的第一个高峰，为西方的写实艺术观念和绘画创作奠定了初步的基础。此后，受到中古宗教的影响，画家们将绘画的重点转向了象征性地显现上帝的美与神圣，形成了与写实的古典艺术既不相同而

---

[1] 王菊生. 中国绘画学概论. 长沙：湖南美术出版社，1998：25-57.

又缓慢融合的另一种艺术文化传统。

到了欧洲文艺复兴时期，画家们开始根据自然科学原理来研究自然物象，几何学、解剖学、透视学和光学等作为绘画的写实方法，促进西方写实性绘画达到新的高峰，特别是在人体结构、空间透视、明暗、色彩以及构图等方面树立的规范，对西方绘画的发展产生了巨大影响。

写实绘画要求在画面上逼真地显现出客观世界的一个片段景象。达·芬奇的观点可以基本上概括和代表西方写实绘画的艺术特征，他认为，平面镜所反映的影像与绘画是极其相似的，它们都是以同样的方式表现被光和影所包围的物体，两者又都同样似乎向平面之中无限伸展。由此，他主张，绘画的主要任务是在平面上显现三维空间的景象。平面镜中显现的是现实世界中事物的影像，是一种"逼真的幻象"，绘画中显现的也应该是这样一种"幻象"。①

总之，西方绘画特别强调写实性，这是西方绘画的最显著特征，以追求逼真的效果为目的，从而展现其绘画艺术。

上述仅提出了关于绘画的 3 个问题，不能全面地勾勒绘画的全部科学，但是从中可以部分地发现，绘画往往借助构图、造型等来创造图形或图像，并且来表达人们对世界的认识、思想和情感，这些都与数学有关。实际上，早期数学的发源之一是对形的研究，这也决定着数学与绘画有着天然的联系。

第二节　绘画中的数学

绘画作品往往通过把各部分组成整体来进行造型，这本身就是一个数量范畴。进一步地，绘画作品往往利用数学知识来表现其思想内涵和情感，也就是说，绘画充满着一些数学知识的运用。

一、黄金分割与黄金比

古希腊人关于"美"有一种观点，认为"美是事物的形式"，而事物的形式涉及事物各部分的大小和比例，于是就需要用数学方法来衡量。

---

① 吴甲丰. 西方写实绘画. 北京：文化艺术出版社，2005：90-187.

传说毕达哥拉斯学派以正五角星为美，并以它作为其成员的徽记。而构作正五角星就要先解决"中末比"的作图问题。所谓"中末比"问题，就是在给定的线段上确定一点，使线段分为两段，要求大段是小段与全段的比例中项。

古希腊数学家是这样解决这个问题的：设线段 $AB=1$，H 是 AB 上一点，令 $AH=x$，则 $1:x=x:(1-x)$，这样就转化为一元二次方程 $x^2+x-1=0$，解得 $x=\dfrac{\sqrt{5}-1}{2}$（舍去负根，当时不承认负数）。

古希腊数学家利用几何作图来求解上述问题，其作图方法如下：以线段 AB 为边长作正方形 $ABCD$，取 AD 的中点 E，连接 BE，以点 E 为圆心，以 EB 为半径画弧，交 DA 延长线于点 F。以点 A 为圆心，以 AF 为半径画弧，交 AB 于点 H，则点 H 为所求的点。

其理由是：如图 8-1，由上述作图可以知道，正方形的边长 AB 是已知的，设 $AB=1$，那么，$AE=\dfrac{1}{2}$，于是有

$$EF=BE=\sqrt{AB^2+AE^2}=\sqrt{1+\left(\frac{1}{2}\right)^2}=\frac{\sqrt{5}}{2},$$

$$AF=AH=EF-AE=\frac{\sqrt{5}}{2}-\frac{1}{2}=\frac{\sqrt{5}-1}{2}=\omega\approx0.618。$$

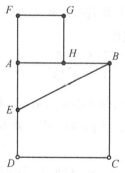

图 8-1　"中末比"的构造

毕达哥拉斯学派发现：正五边形的一边与其对角线之比就是"中末比"，并且在正五边形中含有许多"中末比"。如图 8-2 所示，在对角线 CE 上，EG 与 EC 之比、CG 与 FC 之比、EF 与 EG 之比都是"中末比"。

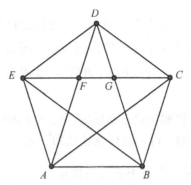

图8-2　正五边形中的"黄金分割"

利用"中末比"可以作正五边形，从而可以作出正五角星。由此，进一步可以作出正12面体（如图1-6），毕达哥拉斯学派将正12面体与整个宇宙相关。

毕达哥拉斯学派以正五角星为美，而正五角星可以由图8-2"中末比"的方法作出来，所以把"中末比"作图称为"黄金分割"法，而把黄金分割的比值 ω 称为"黄金比"，以示推崇。

后来人们发现，虽然这个"黄金比"是一个无理数，但是它的近似值却与一个著名的数列有关。这个数列以它的发现者——斐波那契的名字来命名，即斐波那契数列：

$$\{F_n\}:1,1,2,3,5,8,13,21,34,\cdots$$

从它的第三项起，每项都是其前面两项的和。

另外，每两个相邻数之比

$$\frac{2}{3},\frac{3}{5},\frac{5}{8},\frac{8}{13},\cdots,\frac{F_n}{F_{n+1}},\cdots$$

是黄金比 ω 的近似值序列，而且随着 n 的增大，该序列越来越接近于 ω。

"黄金分割"及"黄金比"两千多年来在西方世界被广为传播，并被广泛应用到各个方面。

达·芬奇在《论绘画》中，更是把黄金比引入人体绘画之中，按黄金比的各种网线分割图样。可以认为人体的躯干与身长之比接近黄金比，据有关统计，中国北方人的躯干与身长之比为 $8:13$，而南方人的躯干与身长之比为 $5:8$，都接近黄金比。柯布西耶（Corbusier）构造了一个"模度尺"（modular），用黄金比数列对人体像的各部分尺寸进行更精细的分割。①

　　黄金分割在建筑上的应用，也是数学美应用的一个重要方面，欧洲文艺复兴以后则更受重视。曾有建筑学家认为，建筑整体美来自绝对的、简单的数字比例，这个数字比例就是指黄金比。

　　到了现代，黄金比更深入人们生活的各个方面。过滤嘴香烟、日历牌、图书目录卡片、电视机屏幕、小提琴各部分尺寸等，都留有它的印记。很多国家的国旗和国徽上都有正五角星图案，或是其他有关黄金比的图案。

　　为什么恰当的比例在形式美中具有这样的作用和魅力呢？

　　笛卡儿认为，美是一种恰到好处的协调和适中。中国古代著名的辞赋家宋玉（屈原的学生）在所著《登徒子好色赋》中，以"增之一分则太长，减之一分则太短"来形容一个女子身材之美。这说明一个道理：事物的尺寸比例恰到好处就美。

　　此外，现代科学试验的数学方法——优选法也和黄金分割有关。优选法是以数学原理为指导，合理安排试验，以尽可能少的试验次数来尽快找到生产和科学实践中最优方案的科学方法。实际上，优选法就是寻找函数极值的较快较精确的计算方法。为此，数学家们提出了很多种方法，大体分为两类：一类是目标函数有明确的数学表达式，则可用微分法、变分法、极大值原理等分析方法来求解，即间接选优；另一类是目标函数过于复杂或没有明确的数学表达式，则可用数值方法或试验最优化等直接方法来求解，即直接选优。黄金分割法就是一种直接选优的方法，其基本思想是：如果一项生产试验中某参数 y 是区间 $[a,b]$ 上的"单峰函数"，那么在"单峰函数"上选择某个试验点，使得试验既达到目的，同时又减少试验次数。该试验点就是选在该区间的 0.618 处，这样可以用最少次数的试验找到参数的最佳点。华罗庚曾在中国的生产企业进行推广应用，并取得一些成效。

二、黄金矩形和 $\sqrt{2}$ 矩形

　　如果一个矩形的相邻两边之比为黄金比，则该矩形称为黄金矩形。若将

---

① 程大锦. 建筑：形式、空间和秩序.刘丛红，译. 3 版.天津：天津大学出版社，2008：319.

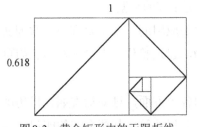

1

0.618

图8-3　黄金矩形中的无限折线

黄金矩形去掉一个正方形，那么可以得到不断缩小的一系列黄金矩形（如图8-3）。在有限的图形中包含着一条由无数多条线段连接的无限延伸的折线，这是一条优美的折线。

既然黄金矩形符合美的特征，那么有人就开始思考利用黄金矩形设计诸如一般图书和报纸的版面，问题是：将诸如一般图书和报纸等版面设计成黄金矩形，符合人的审美吗？

图书和报纸的封面设计是否美观，当然与封面的矩形形状有很大关系。其中的道理是这样的：一本杂志呈现为一个矩形，打开来看仍然是一个矩形。如果杂志呈现为正方形，那么打开看便是一个长条矩形；如果原来的矩形是一个长条形状，那么打开来便接近一个正方形。或者，若一张报纸是正方形，那么对折起来便是一个长条形状。如果报纸是一个长条形状，对折起来便是一个正方形。这二者都不相称。因此，思考问题的角度是：如果（打开或对折）前后两个矩形大致相似，那么就比较相称、比较好看。黄金矩形是不能满足这样要求的。那么，什么样的矩形能满足这样的要求呢？可以做如下的分析：

设矩形的宽为1，长为x，将它对折成两个小矩形。要想使大、小两个矩形相似，那么应该有$x:1=1:\dfrac{x}{2}$，或$\dfrac{x^2}{2}=1$，于是$x^2=2,x=\sqrt{2}$。

也就是说，书报杂志封面的矩形满足长与宽的比为$\sqrt{2}$时，才能符合这个"相称"的要求。于是，人们把符合这样要求的矩形称为"$\sqrt{2}$矩形"。根据对许多书报杂志的实际调查，人们发现：大多数书报杂志的封面的确就是按照"$\sqrt{2}$矩形"设计的。特别是，现在复印、打字应用最普遍的A4纸，它的长宽分别为29.7厘米和21厘米，二者之比与$\sqrt{2}$的近似值非常接近。可见，A4纸就是一个"$\sqrt{2}$矩形"。

三、绘画、透视与射影几何

从写实的角度来看，绘画实际上是将三维立体景物描摹在二维的平面上。

如果想要画得真实、有立体感，就必须符合透视原理，而透视原理就需要几何学的知识。透视原理其实早在古希腊时代就已经被数学家所重视。欧几里得在其著作《光学》中，就提出了有关透视原理的几何公理和定理。古希腊文化在欧洲得到继承和发展，绘画也是其中之一，欧洲继承和发展了古希腊绘画的传统，特别重视绘画创作的数学基础——透视原理。例如，15世纪的阿尔伯蒂（Alberti）在《绘画论》中提出他的主张，艺术的美在于与自然相符，认为：画家在通晓全部艺术之前，应首先精通几何学。他在这本书中实际上论述了绘画的数学基础，即透视原理，特别地，他引入了两个重要概念——投影线和"截景"。

透视原理是人们观察事物总结出来的，特别是画家在绘画的实践中逐渐发现和总结的规律。事实上，如果打开窗户看室外，就是一幅画。人们看到的是：阳光照射到物体之后反射到观察者眼睛的光线；而光线是从（太阳）点光源发射出来的。设想窗子上有一块玻璃，这些反射线在窗玻璃平面上所有交点的集合称为"截景"，它同物体给眼睛造成的印象一样。绘画要画得好，达到逼真的效果，那么就要正确地描摹出这种"截景"。而透视学就是研究在点光源射影下图形的线段远近、大小比例关系。

又如，弗朗西斯科（Francesca）著《透视画法论》，他对透视原理作了相当完整的论述。他认为，思辨本身无法定量地判断出在画面上怎样才算远，怎样才算近，而透视则能按比例区分远和近的量。作为真正的科学，它能运用直线来缩小或放大多少量。因此，弗朗西斯科不仅是一位艺术家，更是一位数学家，他是用数学来研究绘画艺术的一位先驱。

达·芬奇则更加强调透视学在绘画中的作用，认为透视学是绘画的舵手。由此，他还进一步奠定了全景透视的基础。可以说，15世纪以后，欧洲的画家大多是够格的几何学家，例如，画家丢勒（Dürer）在著作中举出了大量关于透视几何学的实例，实际上也可以将其视作透视几何学著作。这时的绘画学校也开始教授透视学，使绘画由经验的艺术进入科学的范畴。

正是在绘画需要几何学的推动下，数学家们发现了射影几何学的一些基本原理。其实，几乎在解析几何发明的同时，射影几何学的创建工作也开始了，涌现了诸如笛沙格（Desargues）、帕斯卡（Pascal）等射影几何学家，其中笛沙格和帕斯卡分别提出了射影几何学中两个有趣的定理，现称为笛沙格定理和帕斯卡定理。

笛沙格定理　在两个三角形中，如果连接它们的对应顶点的三条直线交于一点，则对应边的三个交点在同一直线上。反之，也成立。

帕斯卡定理　圆锥曲线的内接六边形的三对对应边的交点共线。

从绘画的角度来看这个定理（如图 8-4），平面的景物可以绘画到直线上。同理，立体景物绘画到平面上，其对应的点应满足帕斯卡定理的条件。

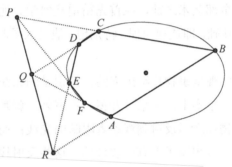

图8-4　帕斯卡定理

另外，数学家还发现这两个定理的共同特征，即这两个定理中的图形与线段的长短无关，只与射影性质有关，这两个定理也是射影几何学中最早的定理。

稍后，蒙日（Monge）将透视学发展为几何学的一个新分支——画法（射影）几何学。只是由于当时解析几何学的光环太亮了，射影几何学的发现几乎被淹没。直到 19 世纪，由于彭斯列（Poncelet）的努力，射影几何学得到复兴，并成为数学的一个独立分支。

四、绘画艺术与现代数学思想

现代绘画作品也与数学有关。例如，三维动画可以利用电脑制作，而其电脑软件就是利用数学方法开发出来的。还有一种神奇的画，其数学的成分就更加浓厚，这种神奇的画的创作者是埃舍尔。埃舍尔被誉为思维版画大师，他在绘画中着力反映某些数学抽象性规律，例如，用绘画艺术表现数学的对称、反射与反演、无穷大等。下面来欣赏几幅绘画，从中感受一下绘画艺术与现代数学思想的关系。

1. 莫比乌斯带的绘画艺术

"莫比乌斯带"是莫比乌斯（Möbius）和李斯廷（Listing）发现的一种不可定向曲面，这是拓扑学研究的一种曲面。莫比乌斯带在现实世界中有着广泛的应用，如游乐场的过山车、机械动力传送的皮带等。

实际上，制作莫比乌斯带是非常简单的，即用一个较长的长方形纸条，将其扭转180°，再把它两头粘起来。这时，其性质就不同于一般的纸片，一般的纸片都有两个面，可在两个面各涂上不同的颜色。但是，莫比乌斯带则不然，它是单侧曲面。如果用一种颜色涂这个环带，那么可以不越过它的边缘而将整个带子涂满这种颜色，即在它的面上只能涂一种颜色。因此，它只有一个面。

埃舍尔用绘画来反映莫比乌斯带的这种特殊性质，先后创作了几幅不同的绘画作品。《骑士》如图8-5，其奇妙之处在于：画面的上方那一面为带子的正面，下面的面是带子的反面，带子中间马头向右的骑士为始点，向右下方运行，走过带子的反面经过一周，回到了中央的始点。同理，以画面中央马头向左的骑士为始点，向左上方运动，走过带子正面的一周后与反面的运行的骑士相遇。然而，这种以莫比乌斯带为基础所创作的版画较难理解，带子与骑士的结合比较生涩。

后来，埃舍尔再次以莫比乌斯带为基础而创作了《莫比乌斯带Ⅰ》（如图8-6），相对于《骑士》来说，该幅画展示了莫比乌斯带的一种较为清晰的情形，即被认为若从带子的中间用剪刀剪开，会得到两个分开的纸带。其实不然，剪开后不能将带分开，而只能得到一个长度增加一倍的一条莫比乌斯带。

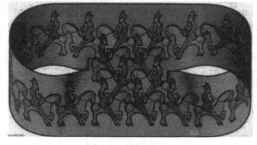

图8-5 《骑士》　　　　　　　　　图8-6 《莫比乌斯带Ⅰ》

接着，埃舍尔又在一个莫比乌斯带上画了几只大蚂蚁，朝着一个方向爬行，从这个面爬到另一个面，而不需要翻过纸片的边缘（如图8-7）。他把莫比乌斯带变成了立体曲面，更重要的是他在透视上换了一个角度，使莫比乌斯带呈"8"字形。

埃舍尔应用莫比乌斯带的思想又创作了《天鹅》（如图8-8），其正反两面以黑白天鹅的拼图为元素，并结合了镶嵌拼贴，使得黑白天鹅达到交错相接、循环无尽的视觉效果。

图8-7 《莫比乌斯带Ⅱ》　　　　　　图8-8 《天鹅》

2. "黎曼曲面"的绘画艺术

"黎曼曲面"是黎曼（Riemann）构造的连通的一维复流形，不仅是单复变函数论的基本问题之一，而且与现代数学的很多分支都有紧密的联系。实际上，黎曼曲面可以被视为一个复平面的变形版本，也就是在每一点局部看来，它们像一片复平面，但整体来看，其拓扑性质可能极为不同。例如，它们看起来像球或是环，或者两个页面黏在一起。

从数学的角度来看，黎曼曲面的基本思想是：为了给多值解析函数设想一个单值的定义域，也就是按解析拓展过程中所发生非单值现象的性质引进自变量平面的一些新的"模型"（或"叶"），并且将这些模型同时与原来那一片模型相连接，使得当一点移动时，它可以自动地由一叶过渡到另外一叶上面去。例如，对数函数 $f(z) = \log z$ 的"黎曼曲面"（如图8-9），其图像是一个绕垂直轴旋转而下直到复平面的倾斜螺旋面。①

――――――――――

① 彭罗斯. 通向实在之路——宇宙法则的完全指南. 王文浩，译. 长沙：湖南科学技术出版社，2013：94.

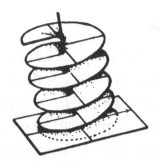

图8-9 对数函数 $f(z) = \log z$ 的"黎曼曲面"

　　埃舍尔构想出与黎曼曲面特性相类似的绘画而创作了《画廊》（如图 8-10），在画面中，画廊里正在举办一个画展，左侧的青年男子专注地看着面前的画作，作品上描绘着一艘轮船，远处的岸上有高低错落的房子，一直延续到画面的右上方。其中，有个妇人在窗前欣赏着风景，而她房子的下面则是这位青年所在画廊的入口，这名青年同处于画面的内外两个空间，不可思议，却彼此融合，相互交织。这幅作品在数学家的眼里是一个封闭的环形扩张动势，没有开始，没有结束，微小的长方形经过多次拓展后，边线也开始变得扭曲起来，形成有规律的弧线，长方形也由小及大，逐渐膨胀为不规则的四边形。①

图8-10 《画廊》

　　① 恩斯特. 魔镜——埃舍尔的不可能世界. 田松，王蓓，译. 上海：上海科技教育出版社，2014：104-113.

3. "无穷"的绘画艺术

前文曾提到"芝诺悖论"，实际上，这是数学家对无穷进行探索而引发的思考，直到康托建立集合论之后，才对无穷概念有了本质的认识。可以说，无穷吸引着历代数学家和哲学家为之探索，经历了漫长的时间。从数学的角度来看，无穷的基本思想是：无穷的意思是没有尽头，也就是说任意给定一个数，该数无论有多大，总存在着比该数都要大的数。

埃舍尔从绘画的角度来表现无穷的思想，他创造了一种无止境地循环的绘画作品。在平面画布上，他刻画出了水的永恒运动，这就是《瀑布》（如图8-11）。埃舍尔以彭罗斯的三角原理为依据，将整齐的立方体堆砌在建筑物上。画面中有一条瀑布从楼上直泻下来，落在底层的水池中，然后循着曲折的渠道流去，又自然、合理地流回到原来楼上的瀑布口，再次倾泻下来，如此无限循环，造成不确定的视觉幻觉。这种悖论绘画同数学中的循环、悖论、相对性有着异曲同工之妙。[①] 除了《瀑布》之外，埃舍尔还设计出《上升与下降》（如图8-12），其上一队士兵一个跟着一个向上爬，结果却发现他们又回到原来的出发点。这幅绘画也是表现出无穷思想，只是借用士兵爬楼梯来体现，与《瀑布》有异曲同工之妙。

图8-11 《瀑布》

图8-12 《上升与下降》

---

① 李建设. 埃舍尔的图形悖论. 河南大学学报（社会科学版），2003，33（6）：124-126.

4."极限"的绘画艺术

极限是数学的一个重要概念，同无穷相伴而生，是指无限地接近一个固定的数值。但是数学家对极限概念的理解也是经历了相当长的过程。微积分的创立加速了数学家对极限概念的认识和理解，牛顿作为微积分创立者之一，曾经专门讨论极限，试图将其微积分建立在严格逻辑基础之上。后来，经过柯西（Cauchy）、魏尔斯特拉斯（Weierstrass）等人的工作，极限概念最终确立。

从数学的角度来看，极限的基本思想是：利用有限来认识无限，也就是任意给定一个数，该数无论有多么小，总存在着比该数小的数，且这样的数有无数个。

埃舍尔创作了与庞加莱的非欧几何模型相同思想的、表现无限为主题的绘画，在有限的画面上来表达其对无限的追求。埃舍尔创作了两幅关于极限的绘画——《圆的极限Ⅲ》（如图 8-13）和《圆的极限Ⅳ》（如图 8-14）。这两幅画的共同特征是越靠边缘图案越小，但仍然是保形的。埃舍尔对其作品《圆的极限Ⅲ》作这样的评述：在彩色木版画《圆的极限Ⅲ》中……属于一个系列的所有鱼都有相同的颜色，并且沿着一条从一边到另一边的圆形路线首尾相连游动。离中心越近，它们变得越大。为了使每一行都与其周围形成完全的对比，需要四种颜色。[1]

图8-13　《圆的极限Ⅲ》

图8-14　《圆的极限Ⅳ》

---

[1]　王庚. 埃舍尔作品的数学趣味. 科学，2004，56（3）：58-61.

第三节　绘画与数学的融合

绘画与数学分别属于艺术和科学两个不同的领域，而艺术和科学常被人们看成是文化的两个"极点"，代表着两种不同的智慧结晶，但它们之间并不存在严格的界限。实际上，艺术与科学是相互关联、相互促进的，在它们的极致境界中两者就会浑然一体，上升为一种关于自然和人生的哲学。

一、西方绘画与数学

西方传统绘画力图运用理性的数学方法来实现"写实"的目的，遵循科学原则的"写实"方式和数学逻辑，共同构成了西方绘画科学地再现客观世界的基础，这也决定了西方绘画从一开始就与数学结下了不解之缘。

在古希腊时期，古希腊人认为艺术与科学是相通的。毕达哥拉斯学派把美归结于数的秩序，古希腊的建筑和雕塑遵循数学的黄金分割。这种理念自然地在绘画中有所反映，画家们开始尝试着采用数学的方法来创设三维空间。如图 8-15，画家试图借助勇士斜指的长矛来处理透视问题。

图8-15　《伊苏斯之战》

在欧洲中古，由于宗教神学的绝对统治，自然科学与艺术逐渐分离。科学只有在证明宗教神学的正确性时才受到欢迎，艺术只有通过形象化地宣传神学理论才得以生存。但是，这个时期的绘画和建筑仍然还可以看到数学的痕迹。例如，图 8-16，画家关注事物的本来面貌，尝试用光来塑造空间，从多样性的角度展示了少女的肢体动作和形象。

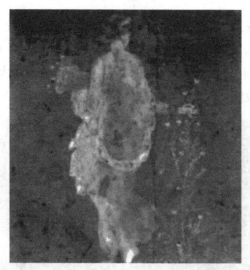

图8-16　《采花的少女》

在欧洲文艺复兴时期，艺术和科学开始重新汇合起来，绘画在人文主义思想和科学方法的双重影响下得到蓬勃发展。人文主义者复兴了古希腊的"艺术模仿自然"的学说，师法自然成为文艺复兴时期绘画大师的行动指南。为了达到这一目的，他们并不满足于依靠感官去认识世界，而是要求用理论去理解世界，于是，他们用科学的实验方法与数学方法来观察世界。当时的代表画家有：菲利普（Philippe）、阿尔伯蒂、达·芬奇、丢勒。

菲利普是认真研究并使用数学的艺术家，曾经探索过透视法的数学原理，运用几何和光学来增加绘画艺术的立体感。阿尔伯蒂的《绘画论》完全用数学与光学等自然科学知识来论述绘画技巧，提出绘画的数学基础——透视学。达·芬奇把自然的全部科学研究成果应用于绘画之中，使绘画与科学有机地结合起来。在绘画理论方面，达·芬奇把解剖、透视、明暗和构图等各方面的知识整理成为系统的理论。达·芬奇尤其推崇数学，认为数学的透视法是绘画的航标和准绳，能帮助绘画再现实体的精髓。例如，达·芬奇的《最后的晚餐》（如图8-17，直线为后加），利用餐厅壁画的有限空间，用立体透视法展现出画面的深远感，把核心人物安排在画面中心，同时又是在视觉的中心位置，给人一种如同置身于一个餐厅看到核心人物和其他人坐在那个餐厅里用餐的情景。该绘画作品利用点、线以及立体空间相结合的形式展现了画面的生动和真实性。也就是通过投射进来的光线，使画面明暗交替，使进入餐厅的观众产生视觉和心理上的错觉，仿佛自己也参加了正在举行的晚餐。①②可以说，文艺复兴时期，绘画艺术的巨大发展在很大程度上归功于数学对绘画实践的指导；同时，绘画实践也极大地推动了数学的发展，即由透视学的研究产生了一门数学新学科——射影几何学。

图8-17　《最后的晚餐》（交叉线为后加）

到了 19 世纪末，西方绘画观念发生了改变，师法自然不再成为现代派绘画大师们所遵循的创作法则，但绘画与数学并没有因此断裂，而是更进一步加深联系，诞生了诸如毕加索、马库西斯（Marcoussis）、康定斯基（Kandinsky）等一大批现代绘画大师，形成了抽象主义绘画。他们将所表现的对象进行变形处理，即在画面上做几何形体的组合或做抽象的色彩和线条的挥洒。这种艺术变形的目的在于更真切地接近和表现世界的某些本质特征，而舍弃了形体上的、非本质的东西，这与数学的抽象性是一致的，即研究现实世界空间形式和数量关系，舍弃了物理和化学性质。例如，康定斯基把数学的概念引入绘画，并对绘画进行了数学分析和处理，使得绘画艺术从感觉认知阶段上升到思维认知阶段，从一般性技能上升到一门科学或准科学的地位。他认为，数是一切抽象表现的终结。如图 8-18，体现了他基于几何抽象对绘画的认识，这些基本的形是表达精神世界最简单的符号，整个画面丰富的节奏感和层次感表现了出来。③

---

① 向梅花. 浅析经典美术作品——《最后的晚餐》. 北方文学，2017，（6）：58-60.
② 杜冕. 文艺复兴时期人性与神性的冲突与交融——浅析达·芬奇画作《最后的晚餐》. 艺海，2012，（4）：163-164.
③ 吴卫，赖诗卿. 抽象主义艺术奠基人康定斯基作品探析. 美与时代（中），2016，（7）：84-86.

图8-18 《黄·红·蓝》

从后现代主义的观点来看，抽象派艺术仅仅把数学的形式，诸如抽象符号或具有抽象意味的几何图形之类的东西引入现代绘画艺术，它所刻画的仍然是艺术家的内心世界或人的精神世界。因此，从艺术本体论来说，这仍然属于传统的绘画。而现代绘画的一个趋向是突破传统绘画艺术，创造一种高度理性化艺术，使数学与绘画达到美妙的结合。其代表人物主要是埃舍尔，他把现代科学的观念借助于艺术直觉和科学思维融合于画中，包含了数学中的群、组合、无限、拓扑、逻辑悖论、非欧几何等思想，把数学世界直观展示给人们。[①]

二、中国古代传统绘画与数学

中国古代传统绘画可谓是笔墨、线条的艺术，笔力、用墨和线条造就了中国画独特的气韵和画家的风格。中国古代传统绘画采取"散点透视"的方法来塑造形象，但却又不受空间、时间和事物实际比例的限制而更加自由、灵动。概而言之，中国传统绘画强调写意，但不失利用时空、形象来抒写画家心中的感情，即所谓"畅神达意"。[②]因此，中国传统绘画或多或少涉及一些数学方法。

1. 数学工具的应用

中国古代绘画其实有着写实主义的优良传统。谢赫在其《古画品录》"六法"中提出了"应物象形"理论，象形是中国传统绘画的出发点，依据事物

---

① 李晓明. 论绘画与数学. 北方美术，1994，7（4）：38-40.
② 蒋孔阳. 中国古代绘画的基本特点. 学术月刊，2003，8（6）：51-57.

而进行绘画。绘画创作中的形是仰观天文、俯察地理、远取诸物、近取诸身的结果。因此，只有将数学方法应用于绘画之中才能达到。

中国古代传统绘画应用数学方法的代表主要是以建筑物为主体的画种，称为"界画"。界画是中国古代绘画十三科之一，它是中国早期建筑师所使用的图纸与设计方案，继而为画师们所借鉴并发展，成为中国古代传统绘画中独特的一个分支。例如，张彦远在《历代名画记·论画六法》中认为，使用界笔、直尺绘出一些台阁、车舆、器物等画，可以说是对事物的模仿。中国古代创造、使用界笔、直尺等数学制图工具，这是界画的特色。由此，界画能够表现各种复杂的建筑物体，也对线型提出了相当高的要求。

2. 比例的应用

中国古代传统绘画有以楼台亭阁为主体的界画，这就要求其精确性，讲究图样按真实的建筑物和器物的尺寸进行折算，符合实物的比例尺寸，并须遵循一定的"法度"。例如，《图画见闻志》记叙了界画的绘制，要求与实物的比例大小达到完全一致。

3. 投影方法的应用

中国古代传统绘画对投影方法的研究也比较早，其中包括与现在称之为中心投影法、平行投影法等相似的技法。

（1）中心投影法

例如，宗炳的《画山水序》提出了具体的绘制理论，认为同一物体距离太近则不见其全貌，距离变远点则可见其全部轮廓，这是因为近大远小。将一块展开的布放在眼睛与物体之间，就可以反映出高大宽广的景物。

（2）平行投影法

中国古代有关于平行投影的绘画理论论述的记载。例如，刘道醇的《圣朝名画评》和张世南的《游宦纪闻》都有提到用类似平行投影法的方法来绘制界画。[1][2]又如，张择端的《清明上河图》（如图8-19，图8-20），这是中国

---

① 刘克明. 艺术与科学相结合的典范——中国古代绘画中的数学方法. 武钢职工大学学报，2001，13（2）：16-19.

② 刘克明，杨叔子. 中国古代工程制图的数学基础. 成都大学学报（自然科学版），1999，18（2）：16-23.

古代成功地运用类似于平行投影法来绘画的杰作。《清明上河图》以精致的工笔记录了建筑和民生，以长卷形式将繁杂的景物与众多不同的人物形象纳入统一而富于变化的画面之中。

图8-19 《清明上河图》局部1

图8-20 《清明上河图》局部2

第四节 几何图形与商标设计

商标是商品的标识和记号，其设计是绘画的一种应用。在现代社会的经济活动中，商标得到了广泛的应用，并受到人们普遍的重视。而商标的意义主要是注明商品的生产者、表示商品的质量和荣誉、企业的无形资产等。由此，设计优秀的商标对于企业来说具有重要的战略意义，对于消费者来说，有助于识别和记忆具有品牌特性的商品。商标不仅用于企业，而且用于机关团体、社会组织等。商标主要是由文字、图形两大要素构成的。图形类商标有时运用了一些基本几何图形，如三角形、矩形、梯形、菱形、圆、椭圆等，虽然这些基本几何图形简单，但组合起来却产生了意想不到的视觉效果。

一、几何图形商标的特点和优点

在现实生活中，有许多商品的商标是几何图形或者由几何图形变化而成。为什么会这样呢？这是因为几何图形商标对于人的视学效果有显著的广告宣传的优势。几何图形商标有以下几个特点，这也是它的优点：

第一，构图简洁明快，立体感强，这是由基本几何图形的形体规则决定的。因此，给人们的整体形象鲜明而突出。

第二，彼此差异显著，易于人们识别和辨认。因为不同种类的几何图形的基本属性不同，决定了人们对它们所产生的视觉效果大不一样。即便同为直线图形，也由于其基本图形的组成不同、色彩不同，而显示出较大的差别。人们常常有这样的经验：远远望去，两个不同的文字标牌不一定分辨出来，但是，两个不同的几何图形商标却能够分得很清楚。

第三，几何图形规范性强，制作简单。几何图形，特别是基本几何图形，其作图都有既定的标准作法，按其作图步骤去做，不论什么人，构作的图形都能够符合要求。这样就给几何图形商标的制作带来了极大的方便。如果商标是某个具体的事物，如动物等，那么制作起来就麻烦多了，而且各人所画的也很难整齐划一。

正因为几何图形的构图优点，由几何图形构作的商标会产生良好的广告效应，会起到一些意想不到的效果。归结起来，几何图形商标的特点主要有以下几点：

第一，力度和美感。直线形，粗实而富有力度；曲线形，柔和而富有美感；对称形，表现为匀称美。黑白图形，庄重而有力；着色图形，明丽而悦目。

第二，易于引发联想和想象。有些几何图形商标比较粗拙，如图 8-21，是从商标中抽象出来的几何示意图，使人联想到产品的质量坚实可靠。有些几何图形商标则比较优雅，使人联想到产品美妙、灵巧。还有的几何图形商标与商品或厂家的名称、产地等结合紧密，使人一看到商标，就立刻联想到该产品的存在，如由三个菱形组成的图案，可简称"三菱"，与企业的名称相符。有的则设计精妙，体现出厂家的人文精神和创业思想。正因为如此，许多知名厂商、知名品牌，都选择采用几何图形来构作其商标或厂家标志。

 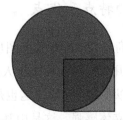 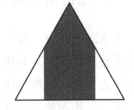

图 8-21　三个几何示意图案

二、几何图形商标的设计

根据粗略的统计与分类，几何图形商标大体可分为以下几类：

第一，单形，即由一个单独的基本几何图形，或一个基本几何图形的一部分构成。

第二，分形，也就是将一个基本几何图形分成两部分，或几部分。

第三，复合形，也就是几个相同（似）基本几何图形组合起来。

第四，变形，也就是将基本几何图形进行变形。

第五，组合形，也就是由两个或几个不同类型的基本几何图形组合而成。

第六，混合形，也就是多种基本图形变化混合使用。

利用几何图形来设计商标，其创作通常有以下几种设计途径：

第一，以几何图形来象征事物。以几何图形来象征产品的名称、形体、属性，或生产厂商的名称、所在地的特有景观等，以达到形与物结合的效果。如奔驰汽车的商标，象征着汽车的特有部件——方向盘。

第二，以几何图形来比喻所要表达的意义。以构建的几何图形来表达产品的性能、质量、特点，或厂家的雄心、愿望等，从而取得宣传效果。

第三，以几何图形寓美。以优美的图形、巧妙的构思、华丽的色彩，吸引人们注意，生发联想，以此来达到广告宣传的效果。

在设计几何图形商标时，还有几个关系需要处理好，主要有以下几点：

第一，处理好图形的方与圆、曲与直、巧与拙、对称与不对称、动与静之间的辩证关系。几何图形与生活中的某些事物的形体相似，使人们容易产生相似联想，这给某些几何图形感情色彩。例如，由平行四边形组合的图形，使人联想到与建筑的关系。直线图形，使人感觉结实、稳重。对称图形，有匀称美；不对称图形，有奇异美。几何图形呈现上小下大，表达的意思为稳定、坚实；几何图形上大下小，表达的意思为灵巧。如用正立的三角形作电梯的商标，使人有稳定、可靠的感觉；而用倒立的三角形作为手表的商标，使人感到它的灵巧。但是若将这两个图形换位，那么，人们就不能认同了。

第二，要给出明确的作图规范，对于非基本几何图形，或组合几何图形，尤其需要如此。这种作图规范优先用数学语言来给出，如同几何作图那样，或给出解析表达式，用坐标和定量的办法给出。

　　第三，几何图形商标设计，要尽可能不用文字，少用文字。即便要用，也要图案化、形象化。[①]

　　总之，由于几何图形是人为创造的抽象图形，这种抽象图形具有一定的类比性，具有一定的简化性和概括性，能引起人们广泛的联想，同时这种抽象图形具有内在张力，观赏者有意无意地感悟到这种内在张力的变化，感受到生命的活力。因此，把几何图形用于商标设计，将抽象形态转化为具有生命活力的图案，能引起人们强烈联想和共鸣，这是商标设计的一个基本理念。

---

　　① 胡炳生. 几何图形在商标设计中的应用. 数学通报，1997，（1）：34-36.

第九章 法律与数学

从表面上来看，法律与数学是不相关联的两门学科。但实际上，法律与数学却存在着密切的联系，特别是在西方，体现在法律各个环节，如立法原理、量刑、司法等，提出了用数学思想方法构建法律体系的观点。

第一节 关于法律的若干问题

法作为一种社会现象，伴随着人类文明的产生而出现，已有几千年的历史。法律科学是社会科学中的一门重要的学科，是研究法、法的现象以及与法相关问题的专门学问，是关于法律问题的知识和理论体系。下面仅谈一些与数学存在着某种关系的法律问题，为了解数学与法律的关系作些引语。

一、什么是法律

至今，关于法，还没有统一的定义，古今中外曾有多种不同的解释。在中国古代，人们对法也有许多不同的看法和认识。例如，《说文解字》中的解释：法与刑、刑法是等同的。据《尔雅·释诂》中的解释，法、律或法律，都是一种公正的行为规范。在西方，人们对法也有多种解释。例如，法是为人类行为而制定的规则；法是符合神意并指示人类如何行为的传统与习惯；法是与人类行为相适应的，在哲理上揭示的体现事物本性的原则体系。虽然人们对法的概念有不同的解释和认识，但综合起来，有关法的概念还是存在着一些共同点，也就是法律具有阶级性、强制性和规范性。

根据法的概念的共同点，马克思、恩格斯等给出了关于法律本质的科学的解释，其基本观点是：第一，法与阶级是紧密联系的；第二，法与国家是紧密联系的；第三，法与物质生活条件是紧密联系的；第四，法的主要目的是维护一定的社会关系和社会秩序；第五，法是调整人们行为的规范体系。①

二、立法的基本原则是什么

立法的基本原则是法律的灵魂，是立法活动的指南针。所谓立法的基本原则，是指在制定法的整个活动过程中贯彻其始终的行为准则或准绳，它使立法的指导思想规范化和具体化，是立法指导思想体现和落实的保证。一般地，立法往往是自觉或不自觉地在一定的原则机制下进行的。因此，立法表现为某种规律性，从而体现立法基本原则的客观性。

三、立法的价值衡量的重要因素有哪些

法律的制定是一项系统的工程，是一个面临多种价值选择的过程。因此，在制定法律制度之前，法律的制定者必然需要对其进行科学的全面的论证，表现为多种价值取舍、整合的过程，主要是综合考虑经济、道德、历史传统价值等方面的因素：第一，安全、秩序、自由、幸福等因素；第二，经济状况、法律制度状况、文化传统等因素；第三，社会大众的基本认知、社会大众法律规范的大致认同、实施法律的物质条件和人文条件等因素；第四，生产资料所有制、意识形态等因素；第五，用道德或法律规约的具体社会关系等因素；第六，继承或抛弃历史传统等因素。②

四、司法鉴定科学性是什么

司法鉴定是指在诉讼活动中，鉴定人运用科学技术或者专门知识对诉讼所涉及的专门性问题进行鉴别和判断，并提供鉴定意见的活动，以弥补事实认定者认知能力的不足。因此，这要求司法鉴定具有科学性，即在司法鉴定科学实证活动过程中，鉴定人必须立足于成熟的科学原理，坚持科学有序的鉴定程序，运用规范的技术方法，遵循科学有效的鉴定标准，追求科学可靠的鉴定意见，为维护司法公正提供科学技术支持。③

① 曹叠云. 立法技术. 北京：中国民主法制出版社，1993：1-5.
② 汤善鹏. 立法价值衡量的法理分析. 河南大学学报（社会科学版），2002，9（2）：25-28.
③ 李苏林. 论司法鉴定的科学性. 山西大学学报（哲学社会科学版），2018，41（4）：116-123.

上述仅举了有关法律的四个基本问题，从中可以大体地看到：法律中的一些问题就隐藏着数学与法律的某种关系，可以说，数学为法律建设、司法等方面提供了某些思想方法和手段。

第二节　法律中的数学

随着科学和社会的发展，法律已越来越多地应用数学的方法和手段，从而提高了法律研究结果的准确性，体现了科学研究成果再现和重复的原则，科学地阐述了法律过程的理论和思维，扩大了法律的概念结构等。下面举一些事例，来说明法律中的数学及其运用。

一、法律经济分析中的数学方法

法律的经济学分析是 20 世纪六七十年代以后在西方发展起来的一门法学和经济学相交叉的学科，它用经济学来分析和审视法律领域中的相关问题，经济学分析自然地涉及一些数学模型，从而极大地丰富了法学的理论和方法。

例9-1　汉德公式。

法律学中的汉德公式是一个用数学模型来处理有关侵权案件的法律裁判。汉德公式产生于一艘驳船与一艘拖船之间的法律纠纷。当时在港的很多船舶是各自用绳索固定在码头边。被告的一艘拖船被租用，将一艘驳船拖出港口。由于当时驳船的船员不在船上，为了松开被拖的驳船，拖船的船员就自己动手调整绳索。但是，脱离绳索的驳船撞上了另外一艘船，造成了重大的经济损失。于是，驳船船主以拖船船主存在过失为由向法院起诉。而拖船的船主则认为，当拖船船员在调整绳索时，驳船船员不在船上，因此驳船船员作为驳船船主的代理人也存在过失。

汉德（Hand）法官是这样来处理这起案件的，其基本思想是运用数学模型和数学思想来形成法律裁判的依据，具体如下：前提是每艘船都有可能冲出停泊位，如果冲出停泊位就会构成对周围船只的威胁。船主预防损害发生的责任，在类似的情况下是三个变量函数：船只冲出停泊位的概率；因此产生损害的程度；充分预防的成本。由此，用数学的语言可以表达为：

用 P 表示船只冲出停泊位的概率，L 表示产生损害的程度，B 表示充分预防的成本，则过失就取决于 B 是否小于 P 与 L 乘积，即 $B < P \cdot L$。

在本案中，驳船船员在事故发生的 24 小时之前已离开船只，并一直不在船上，而且也没有任何合理借口离开该驳船。同时，港口繁忙，不可避免地存在仓促和嘈杂等因素的干扰，拖船的船员可能没尽到充分注意的责任，但这并没有超出合理的预期。因此，在白天的工作时间里，驳船公司本应该安排一名船员在船上，这是一个合理的要求。汉德法官对此提出的数学模型，为在侵权案件中的过失责任问题作出了正确的合理的裁判。该数学模型的基本含义是：如果被告预防损失的成本低于造成的损失，此时被告就有义务采取预防措施；如果没有采取预防措施导致了损失的发生，那么被告就被认为是有过失的，即如果 $B < P \cdot L$，那么被告就应承担相应的责任而支付预防成本 B。[①]

二、法律理论中的公理化思想

公理化方法最早并且主要在数学领域中运用，后来，人们发现公理法自身存在着很多的优点，因此，逐渐在自然科学和社会科学借鉴和运用。相对于其他方法来说，公理法在构建法律理论体系中具有一些优点，大体有以下几点：第一，公理法能把法学众多零碎的成果整理成有条理的理论体系，从而实现理论的综合；第二，公理法能使法学理论体系具有逻辑性，从而具有说服力；第三，公理法能提高法学理论的抽象化程度，从而提升法学的科学性；第四，公理法可以从理论上推导各种可能存在的法律现象，从而弥补法律现象观察的不足；第五，公理法能提高法学理论知识的发展速度，从而完善法律体系。因此，人们将公理化思想运用于法律理论体系的建设中，这样使得法律理论更加具有系统性、条理性和连续性。

例 9-2　《利维坦》。

《利维坦》是霍布斯（Hobbes）的一部法律名著，运用公理法从人性观和自然法学说两个出发点来推导出霍布斯关于国家法律的理论，成为西方法律的一种典范。霍布斯的人性观是：从本质上来说，人类是自私自利且富于侵

---

① 于珍. 数学为研究法律科学提供了新视角. 河北法学，2008，26（6）：164-166.

略性的；自我保全是支配人类行为的根本原则。霍布斯的自然法学说是：在国家成立之前，当人类处于自然状态时，虽说此时人人平等、人人自由，但人人为了保全自己，相互争斗，如同狼一样，充满了仇恨和互不信任，实际上这种自然状态是一切人反对一切人的战争状态。在《利维坦》中，霍布斯以此为推理基础，类似于几何学中的原始概念、公理和公设，然后按照逻辑规则进行了一些推理，构成了他的一套法律理论体系。由此，霍布斯得出关于国家法律的基本理论和思想，即造物主的公平，自然使人在身、心两个方面的能力基本相等，即使个别人的体力和智力强一些，但弱者可以密谋或联合起来战胜强者。在自然状态下，假若人人都用完全自由的手段保全自己，其结果是人人都无法自我保全。为了自身利益，人们必须放弃自己的权力，建立国家，用公共权力来保全自己，从而摆脱不堪回首的自然状态。由此，霍布斯论证并得到一个结论：国家是由契约产生的，是人们相互之间为了摆脱自然状态所做的共同约定。通过这种约定，个人的权力交给一个人或一些人，据此而设定的主权权力称为"利维坦"或"人间的上帝"（mortal God），"利维坦"或"人间的上帝"可以保障人们的和平与安全。为使国家有足够的强力制止内乱，维护和平，主权者便应当是至高无上的。

霍布斯的《利维坦》运用公理化思想来构建的法律理论具有系统性和条理性，产生了广泛的影响力，但也有其局限性，其观点是保守的，甚至反动的。此外，公理化思想在近现代制定的法典中也有广泛的运用。

三、法律价值中的博弈论

博弈论又称为"对策论"，是在双人或多人对局中，通过考虑他人的预测行为和实际行为来调整自己的策略，以达到个人利益的最优化。一般情况下，一个完整的博弈通常包括以下几个要素：第一，局中人，即参与博弈的主体；第二，策略，即局中人博弈所采取的行动方案；第三，得失，即博弈的结果。以上三点是构成一个博弈的最基本因素，但在其他一些情况下，还会涉及另外一些因素，如行动，即参与者在博弈中的某个时点的决策变量；均衡，即平衡，指所有局中人在行动方案组合中都能利益最优化。

博弈论为法学研究提供了一个理论基础。在制定法律的过程中，在确定了公认的法律目标后，立法者通过设计合理的法律制度，从而达到在这种制度下所有个体目标尽可能地接近于社会集体目标。这样就构成一个博弈规则。如果局中人的得失都接近或相同于设定的法律目标，那么这种法律制度的制定就是成功的。①

例 9-3 "老人倒地该不该扶"。

中国自古崇尚尊老爱幼，这已成为传统美德。但是，一些案件引发了人们对法律与中华传统美德之间关系的思考。例如，一位路过的行人将倒地的老人扶起，并将其送至医院。但是随后，事情发生了转折，老人坚称是该行人将其撞倒。该案件本身是一个简单的民事问题，即"老人倒地该不该扶"，但是该案件却引发了社会公众的思考。

实际上，该案例关系到制定法律制度时应考虑法律与社会公德之间的博弈关系。之所以社会公众对此案有非常高的关注度，是因为这是日常生活中很常见的事情，每个人都有可能遇到。如果缺少视频等客观证据，仅依照社会情理进行推断，就会使社会公众在遇到此类问题时选择自身利益最大化，动摇了对法律维持公平、正义的信心。

四、法律解释中的数学思维

法律解释的客观性是评判裁判正确性的一个重要依据。为了约束裁判者的主观裁断，当下的法律解释理论要求裁判者在解释之际必须尊重规范的字面含义，还必须恪守法律方法上系统化的解释方法或解释准则，以期将判决的依据约束在法律规范的词语含义上，约束在相关法律条文的意义关联上，约束在法律调整的目的上，约束在宪法的原则性和价值判断上。因此，寻找一种价值无涉、绝对客观的解释成为法律解释所追求的目标。数学公理体系具有一致性、确定性和严密性的特点，这为法律解释提供一种理想的方法。

例 9-4 里格斯与帕尔默案。

里格斯与帕尔默案是法律解释理论中的一个经典事例。立遗嘱人里格斯指定的遗产继承人是帕尔默，但是为了能早日得到财产，帕尔默下药毒死了里格斯。事发后，帕尔默被诉讼到法院。帕尔默的律师辩称遗嘱是真实有效

---

① 王佳. 博弈论与法律价值探寻. 黑龙江政法管理干部学院学报，2015，115（4）：12-14.

的，并且当时的法律也未规定遗产继承人谋杀被继承人则丧失继承权。因此，帕尔默是合法的遗产继承人。但大多数法官认为，让杀人犯依法接受遗产是荒谬的，也是违背立法意图的。在这种思想的引导下，法官最后援引"任何人皆不能从自己的错误行为中获利"这一原则，判决帕尔默丧失了继承遗产的权利。[①]这是一件运用公理化思想来而进行合理法律解释的案件。

第三节　辩证地认识法律与数学的关系

在推动人类知识发展的历史进程中，数学呈现出一般方法论的特征。法律论证可以运用数学知识进行推理、演算和分析，这样论证案件中的法律命题，形成特定的解释和判断，得出相应的结论。但是在司法中，过度强调数学论证可能会偏离法律理性和司法规律，从而导致司法不公。因此，我们应该理性地、辩证地认识法律与数学的关系。

一、数学运用于法律的积极意义

数学在法律中的运用主要是在于数量与质量、形式与内容、系统与结构、可能性与可靠性、规律性与偶然性等方面。归纳起来，数学在法律及其建设中起到的积极作用大致有以下三个要点。[②]

1. 数学方法运用到具体的社会法学研究

在具体的社会法学研究范围内，数学方法的运用主要有两种基本形式：第一，用于积累和收集信息；第二，用于处理和分析信息。

对法律问题的社会学研究要求所选择的方法具有科学性，数学方法为社会法律研究提供判据。根据这种判据就能合理地从总体中选择出所要调查的个体，能保证其代表性。

社会法学研究需要运用数学方法来反映测量程序，处理和分析资料。法是国家制定并得到国家认可的、人人必须遵守的行为准则体系，其首要特征

---

① 陈林林. 法律解释中的数学思维. 求是学刊，2008，35（1）：90-95.
② 加夫里洛夫. 数学方法在法律科学中的应用. 昇莉，译. 环球法律评论，1985，（1）：17-21.

就是测量的经验水平，而这一水平是基于法律经验的总结和法律现象的度量。立法程序必须考虑到社会关系水平，社会现象的蔓延程度及其发展速度。立法程序以获取并研究信息为依据。

2. 数学方法运用于法律控制论

法律规范的结构、法律制度和法律体系的数学模拟是采用现代数理逻辑手段进行的。例如，数理逻辑方法可以用于模拟法律结构，其优点是：数理逻辑用自己的规律表达法律过程中具有根本意义的法律现实的各种联系，法律过程的逻辑算法可以在电子计算机上模拟出来。

3. 数学手段应用于刑事侦查和司法鉴定

司法鉴定是法律的一个必要环节，需要一些数学方法为其服务，这是由于司法鉴定的研究对象更接近自然科学，如指纹的印迹、刀伤痕迹、笔迹等。因此，在很大程度上，数学运用于司法鉴定易于程序化和进行数学分析。刑事侦查的同一认定理论是以定量和定性两种做法为基础的，同一认定过程可以用数学语言表达。

司法鉴定和刑事侦查的数学运用，有可能大大提高调查所作结论的可靠程度，并为司法鉴定机关在实践活动中有效地应用电子计算机开辟道路。

二、数学运用于法律的局限性

法律论证是法律的一个重要内容。一般地，法律论证主要包括两个方面：一是事实认定中的论证，二是规范的论证。就事实认定而言，数学可能为法律提供必要的工具，但是就规范论证而言，数学的运用也可能暴露其局限性。①

1. 运用数学方法进行论证可能偏离法律理性

法律虽然被视为是理性的体现，但是法律理性与数学理性的逻辑表达存在着质的差别。法律理性表现在遵守法律，追求法律适用的合法有效性等。如果在司法过程中过度运用数学方法，有可能背离司法的基本宗旨，从而导致司法不公。

---

① 彭中礼. 法律论证中的数学方法. 政法论坛，2017，35（5）：3-16.

例 9-5 "德雷福斯案"。

德雷福斯被指控出卖国防机密，被判处终身监禁。后来事实证明德雷福斯无罪。为什么出现这样的反转呢？因为之前过分依赖概率论来判决。在德雷福斯案中，控方请专家证人运用概率论知识作为核心证据，来证明德雷福斯的罪行。他们的做法是：通过论证某文件上书写的特定字母与某人撰写的字母"吻合"的高概率性来推断某一个人是否犯罪。显然，用这种方法来判罪有些武断，这也从另一个侧面说明，数学方法认定证据并不充分。概率论本质上反映的是一种数学猜想，著名数学家波利亚（Polya）也曾说过，概率论的本质是一种碰运气游戏的理论。因此，即使是千万分之一的不确信率依然是一种不确信。

2. 运用数学方法进行论证有可能偏离司法规律

司法规律是司法审判活动在长期运作过程中呈现出来的某种客观性，是司法权运作的本质体现。司法的规律性要求，任何证据的使用必须具有关联性。数学方法虽然具有客观性，但是在针对某些特定法律对象时，如果无法做到唯一性指向，那么很容易破坏证据的关联性要求。

例 9-6 推断凶手。

在一条水沟中发现一具女尸，现有的证据表明：死者在案发当晚与其男朋友发生过激烈争吵，而且其男朋友在其他地方曾经打过她，在疑似用来刺杀死者的小刀上还发现了相似的掌纹。该掌纹痕迹能传递的信息是有限的，一位专家表示这种痕迹在 1000 个人中出现的可能次数不超过 1 次，并运用概率论中的条件概率进行推导来证明。但是，两位学者举例说明数学方法不能运用于该案，认为：即使只有 10 万的潜在嫌疑人，也能找到将近 100 位具有类似掌纹痕迹的人；如果有 100 万的潜在嫌疑人，则能找到 1000 位具有类似痕迹的人。由此，他们也同样运用条件概率予以反驳，从而得出结论：掌纹很难以任何独特的方式精确地查明被告。因此，这个案件运用数学方法是失败的，而且带有严重的偏见。

3. 运用数学方法进行论证可能难以多种价值考量

司法裁判作为处理社会纠纷的一种重要模式，其重要特点之一是掺杂了大量的价值因素。因此，司法不可能是纯粹数学程序化的论证，而更多的是有价值评判标准的参与。为此，契约理论的倡导者哈特认为，如果法官是形式主义者，那么法官可能犯严重的错误，这种错误的实质就在于：法官对于一般条款作出合理的解释，但无视社会价值及其实践效果。

例 9-7 电厂鱼损数量计算。

某州自然资源部试图说服州政府采取一定的强制措施，以减少被电厂涡轮机卷走的鱼的数目。州政府拒绝了这一要求，但同意电厂应该对由于鱼的死亡而给该州造成的损失进行补偿。

如何进行补偿呢？这就需要借助数学方法，其办法是对每年死亡的鱼的数目采用随机日抽取的样本来进行估计。但运用哪种数学方法来进行估算，需要考虑其他因素的影响，也就是说，数学方法的选择应考虑价值取向等多种因素。

电厂主张使用几何平均数来计算鱼的年死亡量，因为按日抽取的样本具有波动性，在某些天取得的样本量偏大。通过计算样本数据的几何平均数，电厂估计出鱼的年死亡量为 7750 条。但是，在诉讼中，州政府反对这种计算方法，认为数据太少以至于不能确定其信度，并建议使用算术平均数来代替几何平均数来进行计算。对于基本相同的样本数据，州政府运用算术平均数来计算，估计得到鱼的年死亡量为 14866 条，这样两者的计算数据相差比较大。实质上，这涉及价值衡量问题。样本算术平均数等于样本中所有观测值的和除以样本容量 n，即

$$\frac{a_1 + a_2 + \cdots + a_n}{n}，\text{其中，}a_1, a_2, \cdots, a_n \text{为样本的观测值}。$$

由此，每天死掉的鱼的算术平均数乘以一年的天数就是鱼的年死亡数。但是，第一步不能使用几何平均值，因为几何平均值是 n 个观测值乘积的 n 次方根，即

$$\sqrt[n]{a_1 a_2 \cdots a_n}，\text{其中，}a_1, a_2, \cdots, a_n \text{为样本的观测值}。$$

将其再乘以 n 不能算出样本观测值的总和。因此，每天死掉的鱼的几何平均值乘以一年的天数不能算出鱼的年死亡数。从这个案例来看，如果不对案件进行恰当的价值衡量，那么在司法过程中就因为充满所谓的数学理性而失去人性的考虑，特别是考虑到环境保护问题，该案更应该从样本算术平均数来考虑裁判结果，以促进保护生态环境。

　　总之，法律可以合理地运用数学方法，即考虑其积极的一面，数学可以为法律提供新的理论和方法，促进法律知识的增长和法律文化的进步；数学为法律科学开辟了许多新的研究领域，产生了一批边缘学科和交叉学科；数学为法律科学提供了一套科学的知识体系，有力地推动了法律的科学化进程，使许多法律问题的研究建立在更加可靠的基础上。但同时，也考虑数学运用于法律的局限性一面，不能被某一种特定的方法所绑架。